대한민국 전력산업의 싱크탱크 전력연구원이 이야기하는

발전소 터빈과
전력계통 주파수 제어

최인규 우주희 이일용 지음

수력

화력

원자력

풍력

태양광

ESS

㈜ 圖書出版 技多利

대한민국 전력산업의 싱크탱크 전력연구원이 이야기하는

발전소 터빈과
전력계통 주파수 제어

전력계통은 인류가 만들어 낸 가장 복잡하고 거대한 시스템입니다. 따라서 전력계통을 운영하는 사업자는 수많은 설비를 종합적으로 운영하여 경제성과 신뢰성을 확보해야 합니다. 무엇보다 계속 변동하는 전력 수요에 정확히 일치하는 고품질의 전력을 공급해야 합니다.

전기 품질을 결정하는 중요한 요소는 바로 주파수입니다. 주파수가 일정하면 전동기의 회전 속도가 일정하게 유지되어 공산품의 품질이 향상되는 등 좋은 점이 많습니다. 그렇기에 전력의 수요가 변동하여 주파수가 변하면 발전소의 터빈 제어시스템이 이것을 검출한 뒤 정격 주파수(60Hz) 유지를 위하여 발전기의 유효전력을 조정하게 됩니다. 발전기는 전통적으로 주파수를 유지하는 주춧돌이기 때문입니다.

최근 전력계통에 접속되는 재생에너지 전원 발전량이 증가하고 있으며 2030년에는 평균 20%에 이르게 됩니다. 재생에너지 전원이 증가하면 전력계통에 접속되어 운영되는 동기발전기의 수가 줄어들게 됩니다. 따라서 주파수를 유지하는 전력계통의 관성에너지가 줄어들어 주파수의 정밀 유지에 악영향을 미치게 됩니다.

더구나 신재생 전원은 기상에 따라 출력이 급변하여 주파수 정밀 유지를 더욱 어렵게 하고 있어 주파수 제어 측면에서 많은 관심을 받고 있습니다.

　터빈 제어시스템은 원동기의 속도를 조절한다는 의미에서 과거에는 조속기라 하였으나 지금은 전자 및 컴퓨터 기술의 발달에 힘입어 여러 가지 기능을 구비하고 성능이 획기적으로 향상되었으며 복잡한 양상으로 발전되었습니다.

　이 책은 물리 현상의 원리를 바탕으로 원동기인 터빈과 발전기 및 부하의 관계를 비전공자도 이해하기 쉽게 설명하고 있습니다. 또한, 정상 운전 중인 터빈의 일반적인 제어 외에도 과속도 제어나 계측기기 등에 대하여 원리부터 차근차근 설명하고 있어 현장 기술자의 실무 능력 향상에 큰 도움이 될 것으로 기대합니다. 전력계통 다변화 시대를 맞이하여 이 책이 주파수 제어를 이해하는 좋은 참고서가 될 것으로 기대 합니다.

한국전력공사 전력연구원 원장

공학박사 김 숙 철

머리말

전력계통은 전기를 생산하고 이것을 수용가에 공급하는 일련의 설비를 말합니다. 설비는 전력을 생산하는 발전설비와 생산된 전력을 수송하고 분배하기 위한 송전선로, 변전소, 배전선로 등 수송설비로 구성됩니다.

전력계통 내부의 전기를 일정한 주파수로 제어하기 위해선 유효전력을 공급하는 발전소 터빈의 역할이 중요합니다. 최근 재생 에너지의 확대로 화력 발전과 원자력 발전의 역할이 축소되더라도 전력계통의 주파수를 떠받치는 축은 여전히 발전소의 터빈과 동기발전기입니다.

이 책은 저자가 발전소에 근무하면서 얻은 실무 지식과 발전소 터빈 제어 시스템의 연구 개발 과정에서 습득한 기술적인 내용에 관한 것입니다. 원동기인 터빈과 피동체인 발전기 그리고 전력계통 주파수의 관계를 좀 더 쉽게 이해하고 익힐 수 있도록 실무에 이론을 접목하여 설명 하였습니다.

전력계통의 주파수를 이해하기 위해 필요한 물리적인 원리에 대하여 작용과 반작용을 중심으로 뉴턴 역학부터 차근차근 살펴 본 후, 제어 원리를 서술하고 최근의 화두인 전기에너지 저장장치(ESS)의 역할과 제어에 관해서도 상세히 기술하였습니다. 제어 대상인 원동기의 정의와 종류 및 발달 과정, 조속기의 기본 개념과 종류별 동작 원리 및 공통적인 특징을 설명하였습니다.

디지털 제어시스템과 터빈 제어용 기기에 대한 동작원리는 물론 터빈 우회계통과 증기터빈의 과속도 보호에 대하여도 상세한 설명을 추가 하였습니다. 마지막으로 향후 전력계통 운용에 있어서 중요성이 커질 것으로 예상되는 가스터빈과 수차, 풍력 터빈, 그리고 재생에너지의 제어에 대하여 언급하였습니다.

이 책을 통해 발전소 현장의 계측제어 기술자들은 물론 터빈과 전력계통 주파수 제어에 관심을 갖는 모든 분들에게 전체를 이해하는 좋은 길잡이가 되기를 바랍니다. 충실한 내용이 되도록 노력하였지만 미흡하고 오류가 있을 것으로 사료되며 독자 여러분의 지도와 조언을 받아서 적극적으로 수정 및 보완해 나가겠습니다.

한국전력 전력연구원 최 인 규

목차

01

CHAPTER

원동기

원동기

1. 개 요

발전소의 터빈은 원동기(原動機, Prime Mover)의 한 종류이다. 원동기란 자연계에 존재하는 에너지원(源)을 이용하여 필요한 동력을 발생시키는 장치이다. 현재 이용되고 있는 에너지원은 수력(水力), 풍력(風力), 지열(地熱) 등의 물리적 에너지와 석유, 석탄, 천연가스 등의 화학적 에너지 그리고 우라늄 등의 원자핵 에너지 등이다. 전기, 압축공기, 유압 등 인공 에너지원을 이용하는 경우에는 그것이 동력기계일지라도 원동기라고 하지 않는다.

자연계에 존재하는 에너지를 기계적 에너지로 변환하는 장치로는 수차, 풍차, 가스터빈, 증기터빈, 자동차 엔진 등이 있다. 이렇게 여러 가

그림 1 풍차

3

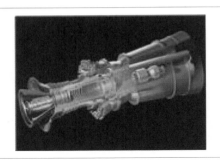

그림 2 가스터빈

그림 3 디젤 엔진

지 원동기가 사용되고 있으나 발전계통에서 주로 사용되는 원동기는 증기기관(蒸氣機關, Steam Engine)과 가스터빈 그리고 수차(水車)이다.

도구를 만든 인류가 가진 다음 생각은 바로 손을 대지 않고도 도구가 자동으로 일을 해 주는 것이었다. 이러한 인류의 고민을 최초로 해결해 준 것이 바로 물을 끓이면 발생하는 증기를 이용하는 방법이었는데 증기를 이용한 기관이 발명되기 전까지 이용했던 동력원은 사람의 힘이나 동물, 바람, 수력의 힘이었다.

2. 증기기관 발달사

가. 고대의 증기기관

증기기관의 기본 원리는 일정한 용기에 담긴 물을 가열하면 수증기가 발생하는데 이로 인해 용기 속의 압력이 용기 바깥의 공기 압력보다 높아지고 이렇게 생긴 압력 차를 이용하여 물체를 움직인다는 것이다. 증기기관은 사람의 손을 직접 사용하지 않고 물체를 움직이고자 한 인류의 오랜 꿈을 실현시켜 주었다.

증기기관은 18세기 산업혁명 이후 공장의 기계를 돌리거나 기차와 같은 탈 것의 엔진으로 활용되었다. 하지만 증기 압력을 이용해 물체를 움직일 수 있다는 생각은 기원전 250년부터 존재했다.

기원전 250년 경에 고대 그리스의 철학자이고 수학자이며 과학자인 아르키메데스(Archimedes)는 증기 압력으로 발사할 수 있는 대포를

그림 4 증기구

제작한 것으로 알려져 있다. 기록에 나타난 최초의 증기기관은 서기 1세기경에 그리스 알렉산드리아 시대의 과학자 헤론(Heron)이 발명한 증기구(蒸氣球)이다.

증기구란 수증기의 힘에 의해 돌아가던 공 모양의 기계 장치로 당시 사람들은 아에올리스의 공(Aeolipile)이라 불렀다고 한다. 〈그림 4〉와 같이 물을 채운 용기를 가열하면 증기가 공으로 도입되고 구면체의 반대 방향으로 나와 있는 기역자(ㄱ)형 파이프 두 개로 뿜어져 나오면서 구를 회전시켰다.

이처럼 증기 압력을 이용한 아이디어는 오래되었지만 이 아이디어가 실제로 사용되기까지는 1,500년을 더 기다려야 했다.

나. 파팽의 증기기관

프랑스 태생의 영국 물리학자인 파팽(Denis Papin)은 1679년에 압력냄비를 발명했는데 이는 꽉 들어맞는 뚜껑이 있는 밀폐된 용기로, 압력이 높아질 때까지 증기가 빠져나가지 못하게 하고 이 용기에 안전밸브를 달아 폭발하지 않도록 했다. 압력냄비 안에 있는 증기가 뚜껑을 들어 올리려는 것을 관찰하고 실린더와 피스톤으로 이루어진 증기장치를 처음으로 제안했다.

파팽이 고안한 이 장치는 피스톤 위로 외부에서 수증기가 유입되면 피스톤이 아래로 움직인다. 그 수증기가 빠져 나가면 피스톤 아래로 들어오는 물에 의해 피스톤이 다시 위로 올라간다.

이 장치는 최초의 증기 장치이자 물을 위로 퍼 올리는 양수 장치이며 실용화되지 못했지만 개량과 발전을 거듭하여 산업 혁명에 큰 기여를 한 증기기관을 탄생시켰다.

다. 세이버리의 증기기관

영국의 군사기술자 세이버리(Thomas Savery)는 1698년에 파팽 등이 제시한 원리를 이용하여 증기를 응축시킬 때 발생하는 기압차를 이용한 펌프용 증기기관을 최초로 발명하여 특허를 획득하고 1702년에는 실용화 하였다.

이 기관의 작동 원리는 간단했다. 즉, 『큰 구체에 물을 약간 넣고 가열하면 증기로 변하고 밖에서 찬물로 식혀 진공 상태로 만든다. 구체

그림 5 세이버리의 증기기관

에 관을 연결하면 지하에 고인 물이 빨려 들어오고 물을 빼낸 후 다시 열을 가한다. 이를 반복하면 물을 퍼낼 수 있다.』

왜 물을 빼내려 했을까. 석탄광산의 최대 현안이 갱도에 차오르는 지하수였기 때문이다. 난방용과 선박용 수요로 삼림자원이 고갈돼 석탄 캐기에 매달렸던 섬나라 영국은 배수용 기계에 관심을 쏟았다.

세이버리의 성공은 발명가들을 자극해 결국 영국의 증기기관은 뉴커먼과 와트 그리고 스티븐스를 거치며 광산을 넘어 공장과 철도로 퍼졌다. 표절 논란과 볼품없는 성능에도 세이버리 엔진은 영국 산업혁명의 불을 댕긴 증기기관으로 산업의 역사를 장식하고 있다.

세이버리가 개발한 증기 장치는 탄광에 고인 물을 퍼내는 데 쓰일 수 있었으나 30m 이상 퍼 올릴 수 없어 광산주들에게 큰 도움이 되지 못했다.

이후 1700년대 중엽에 영국에서는 방적기계나 직물기계 등이 급속히 발달하여 공업이 점차 발전하게 되고 인구 증가 등의 요인으로 에너지원인 석탄의 채굴이 활발해졌으며 점점 깊은 갱도가 개발되면서 지하수의 배수에 어려움을 겪게 되자 펌프를 구동(驅動)하는 강력한 동력이 요구되었다. 뉴커먼(Thomas Newcomen)이 고안한 증기 장치는 광산주들이 원하는 바를 이루어 주었다.

라. 뉴커먼의 증기기관

대장장이이자 철 판매상이었던 뉴커먼은 광산의 양수 장치를 고안해 큰 성공을 거뒀다. 뉴커먼은 세이버리의 특허를 분석해 1705년 새로운 증기기관을 만들었다. 화력기계로 불리기도 했던 뉴커먼의 장치는 뒷날 개발된 제임스 와트 증기기관의 선조이다.

뉴커먼은 1712년에 〈그림 6〉에 보인 바와 같이 실린더 내에 증기를 도입하여 피스톤을 상승시키고 증기가 냉각하면 실린더 내의 압력이 저하되어 피스톤을 대기압으로 내리누르는 증기기관을 상업적으로 실용화 하였다. 뉴커먼의 증기기관은 실린더가 응축기 역할을 겸하고 보일러가 기관에서 분리되어 있으며 양동이와 피스톤이 반대로 움직이는 것이 특징이다.

그림 6 뉴커먼의 증기기관

작동원리를 자세히 살펴보면 피스톤 P가 내려 온 상태에서 V는 개방하고 V'와 V"은 폐쇄한 다음, 아궁이에 불을 지피면 A에 증기가 생겨서 B에 가득 찬다. V'을 열면 찬물이 C에서 B로 도입되므로 증기

가 응축되어 진공이 생긴다. 진공에 의하여 D는 아래로 내려오므로 F
가 위로 올라오면서 물을 들어올린다.

뉴커먼의 장치는 양동이가 아래쪽에 위치하면 피스톤이 위쪽에 놓
여 있게 된다. 수증기가 V를 통하여 피스톤 아래에서 유입되면 피스
톤이 가장 위쪽으로 올라간다. 이때 실린더 안으로 차가운 물이 V'을
통하여 들어가 실린더가 냉각되면 실린더 안에 있던 수증기가 응축된
다. 피스톤은 대기압으로 인해 아래로 움직인다. 결과적으로 증기는
진공을 만드는 데만 사용되고 양동이를 움직인 힘은 증기가 아닌 대
기압의 힘이었기 때문에 대기압기관(大氣壓機關)이라고 하였다.

뉴커먼의 증기기관은 상업적으로 성공한 최초의 증기기관으로
1770년에는 영국 전역에서 100여 대가 가동됐다.

뉴커먼의 증기기관은 탄광의 배수문제 해결을 위한 양수기로 사용
되어 큰 성공을 거뒀다. 하지만 큰 단점이 있었다. 차가운 물을 기관
의 실린더 안에 뿌리면 물의 일부가 증기로 변했다. 이 증기 때문에
실린더가 진공 상태로 되기 어려웠고 따라서 피스톤이 충분히 아래로
움직이지 않았다.

즉, 물을 높이 퍼 올리는 동력이 약했다. 실린더 안에 차가운 물을
더 많이 뿌려 온도를 낮춰 이 문제를 해결하려 하면, 이번에는 실린더
가 너무 식어버렸다. 들어오는 수증기가 물로 변해 증기 압력을 유지
하기 어려웠다.

게다가 식어버린 실린더의 온도를 높이려면 더 많은 석탄을 태워야

했기 때문에 열효율이 낮았다. 그가 죽은 후 약간의 개량이 이루어진 뉴커먼의 증기기관은 석탄의 소비량은 많았으나 탄광의 양수용으로 보급되어 영국의 석탄산업 발달에 커다란 역할을 하였을 뿐만 아니라 증기기관 발달에도 크게 공헌하였다.

대량의 석탄을 소비하는 뉴커먼 기관의 문제점을 해결한 사람은 스코틀랜드의 기술자 제임스 와트(James Watt)였다.

마. 와트의 증기기관

와트는 증기의 힘을 이용하는 장치들에 관심이 많았고 스스로 증기기관을 제작하려고도 했다. 와트는 뉴커먼의 대기압 증기기관의 수리를 의뢰받고 성능개선에 노력하였으며 이를 시작으로 1765년에 새로운 형태의 증기기관 모형을 만들었다.

1766년에는 이 기관을 방적기(紡績機)에 결부시켜서 기계(機械)가 인간의 노동력을 대신하는 산업혁명(産業革命)의 본격적인 도화선이 되었다. 와트의 초기 아이디어는 〈그림 7〉에 보인 바와 같이 실린더와 응축기(복수기)를 별도로 설치하는 것이었으며 1769년에는 특허를 획득하고 1776년에는 상업적으로 실용화 하였다.

〈그림 7〉을 살펴보면 보일러에서 도입된 증기는 B와 C에 충만하고 E는 고정점이므로 D는 상부로 F는 하부로 이동한다. C에 찬물을 뿌리면 압력이 떨어지고 B의 증기가 C로 이동하여 D는 하부로, F는 상부로 이동하면서 양동이의 물을 올린다.

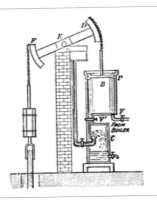

그림 7 와트의 증기기관

즉, 실린더로 들어간 수증기를 분리된 장소에서 응축시킴으로써 실린더 안에 찬물을 끼얹을 필요가 없었다. 따라서 실린더는 높은 온도를 유지할 수 있었다. 이로 인해 증기기관을 작동하기 위해 소비하는 석탄의 양을 25%로 줄여 광산 인근이 아니어도 증기기관을 이용할 수 있게 했다.

또한 와트는 실린더에 덮개를 씌워 피스톤이 외부 공기에 노출되는 것을 막았으며 각 행정 사이의 불필요한 가열과 방열을 줄이고, 피스톤의 상하운동을 모두 동력에 활용한 복동식(復動式) 기관을 개발하여 대기압의 영향을 거의 받지 않고 증기압만으로 피스톤을 위아래로 움직이게 됐다.

피스톤이 증기압에 의해서만 움직인다는 점에서 와트의 기관을 『최초의 증기기관』이라고도 하며 출력행정이 일정하고도 적극적이며 훨씬 효율적으로 이루어지게 되었다.

즉, 1782년에 피스톤의 왕복운동을 회전운동으로 바꾸는 회전식 증기기관을 발명하여 방직기처럼 상하(上下) 및 좌우(左右) 그리고 회전운동을 모두 필요로 하는 기계들을 움직이는 데 사용할 수 있게 됐다. 이로부터 증기기관은 단순한 배수펌프뿐만 아니라 일반적인 동력원으로써 널리 쓰이기 시작하였다.

1800년까지 와트의 증기기관은 500여 대가 제작됐는데 이 중 200여 대는 광산 등에서 사용됐고 나머지는 방앗간이나 직조 공장에서 사용됐다. 1788년에는 〈그림 8〉에 보인 바와 같이 설치하여 기계가 기계를 조절하는 자동제어의 효시가 되었다.

또, 1790년에는 보일러의 압력을 계측할 수 있도록 압력계를 발명하고 1795년에는 보일러 수위와 압력을 자동으로 제어하는 장치를 개발하였다.

와트가 증기기관을 발명한 것으로 생각하는 사람들이 많지만 사실은 이전의 증기기관을 개선한 것이다. 그러나 와트는 뉴커먼의 기관을 작동시키는 비용을 줄였을 뿐만 아니라 이런 기관을 펌프 이외의 다른 여러 작업에 사용할 수 있도록 했다.

와트의 증기기관은 산업혁명 시대를 연 주역들 가운데 하나이자, 증기기관을 바탕으로 한 다양한 기술 혁신과 발명의 견인차 역할을 했다. 그것은 연료와 원료를 먼 거리의 생산 공장까지 대량으로 빠르게 운반할 수 있게 했고, 공장을 자동화시키고 그 입지 조건을 크게 넓혀 놓았으며, 수력에 의지하느라 가동이 중단되곤 했던 공장들이 일 년

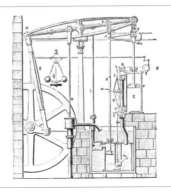

그림 8 조속기를 갖춘 와트의 증기기관

그림 9 와트의 증기기관 실물

내내 돌아갈 수 있게 했다.

대량 생산과 대량 운송은 규모의 경제를 낳으면서 자본의 효율적이고 집중적인 운용과 생산 체제의 혁명적 변화를 가속화시켰다. 와트의 증기기관은 사람들의 노동방식을 바꿨다. 와트의 증기기관에 여러 대의 기계를 연결할 수 있게 되자, 기계들을 한 곳에 모아놓고 물건을 만드는 공장식 생산 방식이 일반화됐다.

사람들은 집에서 일하는 대신 공장에 출근해 증기기관으로 작동하는 기계에 맞추어 일을 했다. 이로써 물건을 다량으로 값싸게 만들어 낼 수 있게 됐고 사람들은 더 많은 물건을 소비할 수 있게 됐다.

또한 증기를 이용한 운송수단의 개발이 꾸준히 이어진 결과 1814년에는 영국의 스티븐슨(George Stephenson)에 의해 증기기관을 활용한 기관차가 출현하면서 누구나 자신이 사는 지역을 쉽게 벗어날 수 있게 됐다.

18세기가 끝날 무렵에는 제분, 방직, 직물, 양조 공장 등에서 기계를 움직이는 데 증기기관을 사용하기에 이르렀고, 이 과정에서 이른 바 말없는 마차를 창조하기 위한 시도도 더욱 가시화되어 19세기 중반 무렵에는 유럽 각지에서 증기자동차가 거리를 달리기 시작한 것이다.

바. 고압증기의 이용

뉴커먼과 와트 이후 중요한 발전은 고압증기를 이용할 수 있는 기관의 개발이다. 폭발을 두려워했던 와트는 단 한 번도 고압 증기를 사용한 실험을 하지 않았다. 따라서 와트가 만든 증기기관의 압력은 1bar 정도로 공기압에 비해 그다지 높지 않았다.

이후 18세기 말과 19세기 초에 걸쳐서 영국의 트레비식(Richard Trevithick)이 최초로 압력이 2bar인 고압 증기기관을 만들었다. 1815년경에 미국의 에번스(Oliver Evans)는 14bar의 증기를 사용하는 기관을 만들었다.

3. 증기터빈의 등장

1629년에 이탈리아의 공학자 브랑카(Giovanni Branca)가 충동식 증기터빈을 만들었으나 널리 사용되지 못하고 19세기 말의 발명으로 커다란 발전을 이루어서 증기터빈은 발전기를 구동하고 증기선의 프로펠러를 구동하는 동력원으로 쓰였다.

즉, 1883년 스웨덴의 드라발(De Laval)은 〈그림 10〉과 같이 고압 증기의 에너지를 거의 완전한 속도에너지로 바꾸는 충동터빈을 완성하였다.

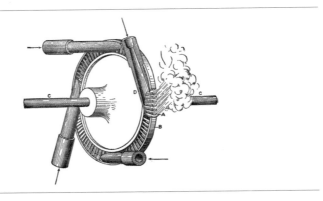

그림 10 드라발의 터빈

그 결과로 회전날개의 속도가 낮아져 터빈의 대형화와 고출력이 가능하게 되었다.

영국의 파슨스(Charles Parsons)는 1884년에 반동식 증기터빈을 개발하였다. 충격의 원리와 반동의 원리를 조합한 증기터빈은 1895

년에 미국의 발명가 커티스(Charles Curtis)가 특허를 받았다.

커티스의 터빈은 다단식 증기터빈으로 크기와 무게에 비하여 효율이 매우 높았기 때문에 동력 생산에 있어서 혁명적이었다. 20세기 초에는 발전소에서 증기기관 대신에 증기터빈을 많이 사용하게 되었으며 현재는 그 기본적인 변화 없이 화력 및 원자력 발전소 발전용이나 대형 선박의 고출력 원동기로 쓰이고 있다.

4. 원동기 제어의 이해

원동기 제어를 설명하기 위해서는 우리 생활에 필수불가결한 자동차를 예로 들면 용이하다. 〈그림 11〉에서 자동차가 평지를 100km/h로 주행하는 경우 속도를 100km/h로 유지하려면 운전자는 자동차의 가속 페달을 움직이지 않아야 한다.

즉, 연료량이 일정해야 한다. 가속 페달을 더 밟으면 연료가 증가하

그림 11 평지 주행(일정 부하)

여 속도가 증가하고 가속 페달을 놓으면 연료 감소로 속도는 감소한
다. 평지를 일정 속도로 주행하다가 오르막길로 진입한 자동차를 〈그
림 12〉에 나타내었다.

그림 12 오르막길(부하 증가)

이 경우 자동차의 속도를 100km/h로 유지하려면 운전자는 가속 페
달을 밟아서 엔진(원동기)의 연료를 증가시켜야 한다. 연료 증가가 없
다면 속도는 감소한다.

〈그림 13〉에서 자동차가 내리막길을 내려가고 있으므로 자동차 속
도를 100km/h로 유지하려면 운전자는 가속 페달을 놓아서 엔진(원
동기)의 투입 연료를 감소시켜야 한다. 투입연료가 감소하여도 속도
가 100km/h보다 크다면 브레이크를 밟아야 한다.

위의 예에서 운전자는 수동으로 연료를 조절하여 원하는 속도로 주
행하고 있다. 그런데 적당한 장치를 이용하여 속도를 자동으로 조절
할 수도 있다. 즉, 자동차의 속도를 일정하게 유지하기 위해 운전 조

그림 13 내리막길(부하 감소)

건에 관계없이 사용되는 작동유체(연료)를 자동으로 제어하여 속도를 조절하므로 이러한 장치를 조속기(調速機)라 한다.

조속기는 발전소 증기터빈 및 수차, 내연기관, 엘리베이터 등 속도 조절이 필요한 원동기에는 필수적인 장치이다.

최초의 조속기는 1788년에 영국의 제임스 와트(James Watts)가 증기기관의 왕복운동을 회전운동으로 바꾸었을 때, 일정회전을 유지하기 위하여 고안하였으며 회전축에 붙어 있는 2개의 추가 회전에 따른 원심력으로 벌어지는 원리를 이용하였다. 이것을 〈그림 15〉에 나타내었다.

조속기는 되먹임 방식을 쓰고 있는데, 증기기관에 부하가 걸려서 속도가 기준치 보다 떨어질 때는 이 조속기가 속도 저하를 감지하여 증기밸브를 더 넓게 열어서 증기유입량을 늘임으로써 속도를 높여주고, 증기기관의 속도가 기준치 보다 높아질 때는 증기밸브를 더 좁혀서

그림 14 제임스 와트

증기유입량을 줄임으로써 속도를 낮춰주는 되먹임 방식에 의해 기관의 속도를 일정하게 유지한다.

　이 조속기에 의해 증기기관의 큰 동력을 안정하게 쓰는 것이 가능해졌으며, 결국 이 제어장치에 의해 기존 증기기관의 성능이 획기적으

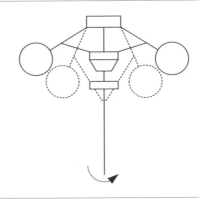

그림 15 원심추

로 개선되고 용도가 확대되어 산업혁명의 원동력이었던 증기기관이 한층 더 발달할 수 있었던 것이다.

5. 발전소 증기터빈

자동차 엔진은 회전력 발생장치로서 발전소의 터빈에 해당된다. 화력 및 원자력 발전소를 구성하는 발전설비는 증기 발생장치(화력:보일러, 원자력:원자로)와 터빈, 발전기, 전기설비로 크게 대별된다.

터빈·발전기 설비에는 증기가 가진 열에너지를 고효율의 기계적 에너지로 변환해서 양질의 전기를 장시간 안정적으로 공급하는 역할이 요구되며 이들 설비의 제어는 발전소 운용 측면에서 특히 중요하다.

터빈 제어시스템은 정상 운전시 증기 발생기로부터 발생되어 터빈에 유입되는 증기량을 조절하여 기동시 터빈·발전기의 속도를 조절하고 발전기가 계통에 동기 투입되면 발전기 출력을 조절한다. 또한, 과속도 및 이상 상태 발생시 유입 에너지를 차단하여 터빈을 위험 상황으로부터 보호한다.

저속회전 상태에 있는 터빈을 기동하면 작동유체의 유량 증가에 따라 속도가 상승한다. 그러나 터빈 축과 직결된 동기발전기가 대규모 전력계통에 병렬로 연결되면 작동유체의 유량 즉, 터빈으로 유입되는 기계적 에너지가 증가해도 발전기의 출력, 즉 전기적 발전량이 증가할 뿐 터빈의 속도 증가량은 대단히 작다.

이것은 터빈의 속도가 증가하려 해도 계통의 큰 부하에 전기적으로 구속되어 있어서 속도의 증가량은 거의 없고 투입된 에너지는 대부분 전기적 출력으로 나타나는 것이므로 기본적으로는 터빈 속도제어의 결과로 발전기 출력도 발생한다. 따라서 터빈 제어기의 기본 기능은 속도제어로서 궁극적으로 터빈의 속도를 조절하므로 조속기라 하며 기계식, 유압식, 전기식 및 디지털 전기식 등이 있다.

그림 16 ○○ 화력5호기 터빈 단면도(500MW, 두산중공업)

CHAPTER

터빈 제어장치(조속기)의 종류

터빈 제어장치(조속기)의 종류

국내에서 현재 운전되고 있는 터빈 제어기는 설비의 구성 요소에 따라 크게 기계식(MHC:Mechanical Hydraulic Control), 전기식 (EHC:Electric Hydraulic Control), 디지털 전기식(D-EHC)의 세 종류가 있다.

가장 큰 차이는 기계식에서는 제어신호의 검출, 전달, 연산 및 증폭을 레버, 캠, 링크 및 유압 릴레이, 피스톤 등의 기계적인 수단에 의지하고 전기식에서는 연산증폭기, 트랜지스터 등의 전기신호로 수행한다는 점이다.

초기에는 기계식 조속기가 주류를 이루었으나 근래에는 연산증폭기와 트랜지스터 등 전자소자를 이용한 전기식 조속기가 많이 채용되어 운전되었으며, 현재는 중앙처리장치 및 입출력 모듈에 마이크로프로세서를 이용한 디지털 전기식 터빈 제어시스템이 주류를 이루고 있다. 또한, 기계식 조속기와 전기식 조속기는 경년 열화에 따라 거의 디지털 방식으로 개선되었다.

1. 기계식 조속기

기계식 조속기는 터빈 축에 직결 또는 기어에 연결되어 회전하는 원심추(Fly Weight)의 속도변동에 따른 원심력 변화를 이용하여 터빈의 회전수 변화를 검출한다. 속도조정이 가능한 범위는 정격속도의 ±6%

정도이며 중요한 제어인자인 속도조정율을 정상 운전 중에 조정할 수 없다.

또, 속도조정 범위가 전기식에 비하여 대단히 좁고 운전 조작이 어려우며 기계적 연결부위로 인하여 부동대가 크므로 주파수 제어성능이 불량하고 출력의 증·감발이 느리다. 근래에 건설되는 발전소에서

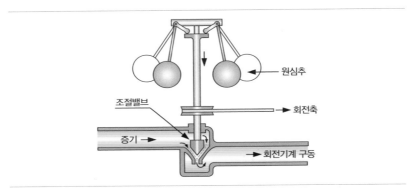

그림 17 기계식 조속기 원리

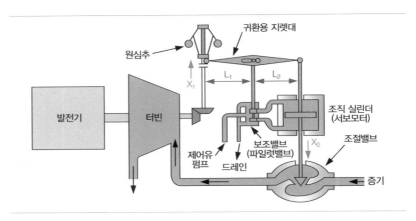

그림 18 기계식 조속기

는 채용되지 않고 있으며 운전 중인 설비도 경제성을 고려하여 유지정비가 편리하고 성능이 우수하며 운전이 용이한 디지털 전기식으로 거의 교체되었다.

〈그림 18〉은 터빈 출력과 발전기 부하가 균형을 이루어 일정한 속도로 회전하고 있는 상태를 나타내고 있다. 이 때 발전기 부하가 감소하면 터빈 속도가 증가하여 원심력이 증가하므로 원심추는 중력을 극복하고 상부로 이동한다. 이에 따라 보조밸브(파일럿 밸브)의 피스톤이 올라가므로 서보모터 하부의 제어유는 배출되고 상부에는 제어유가 유입된다.

따라서 조절밸브가 닫히므로 터빈으로 유입되는 작동유체(증기)의 양이 감소하여 속도가 감소한다. 즉, 부하가 발전기인 경우 발전기 출력이 감소한다.

2. 전기식 조속기

초기에는 기계식 조속기가 주류를 이루었으나 근래에는 전기식이 주류를 이루었으며 전기식이 등장한 배경은 다음과 같다.

첫째, 터빈·발전기의 대용량화 및 제작기술의 진보에 따라 단위 출력당 회전자의 관성이 현저히 감소하여 부하차단시 과속도 발생가능성이 증가하여 기존의 기계식 조속기로는 부하차단시 속도 상승을 규정치 이하로 유지하는 것이 어렵게 되었다.

둘째, 기계식 제어장치가 대형화되어 신호전달의 메커니즘에 기계적 시간지연과 관성이 증가하였으며 동시에 여러 개의 증기밸브를 구동하는 서보모터(Servo Motor)의 구경이 증가하여 시정수가 증가하였다. 따라서 응답이 빠른 제어기의 필요성이 대두되었다.

셋째, 전자기술의 발달과 화력발전소 운용이 다양화되는 추세에서 컴퓨터를 중심으로 한 대규모의 자동화 제어가 가능하게 되었다. 한편으로는 전자기술이 발달하여 계산기를 중심으로 하는 대규모의 자동화가 이루어 졌고, 계산기와 제어장치를 원활하게 연결할 수 있는 기술이 발달하여 전기식 조속기가 개발되었다.

한편, 터빈 속도는 보통 터빈 전면 또는 발전기 끝단의 회전축에 직결되어 운전되는 영구자석 발전기(PMG:Permanent Magnet Generator)의 교류전압을 직류로 변환하여 검출한다. 이 영구자석 발전기는 정상 운전 중에 제어기 캐비닛에 전원을 공급하는 역할도 한다. 기계식과 비교하여 전기식 조속기는 다음과 같은 특징이 있다.

- 터빈의 속도를 전기적인 장치로 검출한다.

그림 19 전자 모듈

- 연산부 및 신호전달부가 모두 전기회로로 구성되어 있다.
- 윤활유와는 별도로 설치된 별도의 고압 제어유를 사용한다.
- 연산의 정밀도가 높고 비선형 보정을 정확하게 할 수 있다.
- 전기회로를 사용하기 때문에 검출기와 제어회로를 다중화 할 수 있다.
- 전주분사 운전과 부분분사 운전의 전환이 용이하다.
- 터빈 기동시 용이하게 자동화 할 수 있다.
- 정상 운전시 속도조정율을 변경할 수 있다.
- 순시 속도변동율이 작다.
- 속도조정 범위가 대단히 넓다.
- 부동대가 작다.

3. 디지털 제어시스템

가. 개 요

종래의 기계식 조속기는 정격속도의 $100 \pm 6\%$ 정도의 속도를 조절할 수 있었다. 그러나 근래에 설치되는 디지털 전기식 조속기는 터빈의 전 범위에 걸쳐서 속도 및 승속율 설정을 통하여 속도를 자동 조절한다.

또한 자동 조절이 불가능한 상태에서는 후비 제어반에서 수동으로 제어할 수 있는 경우도 있으며 보통 2중화 또는 3중화로 설계되고 제작되어 하드웨어의 불시고장에 대비하고 있다. 터빈의 용량증대와 신뢰성, 중간부하 운용, 변압운전, 터빈 우회운전 등 발전소 운영 방식의 다양화 요구에 부응하고 있다.

이것은 발달된 컴퓨터 기술을 이용하여 중앙처리장치(CPU:Central Processing Unit)를 중심으로 각각의 신호 종류별로 적합한 입출력 모듈을 장착한 형태의 시스템이다. 아날로그 입력신호는 입력 모듈의 변환기를 통하여 해상도가 좋은 디지털 신호로 변환한 후 중앙처리장치에서 신호처리를 수행하고 아날로그 출력신호는 중앙처리장치의 디지털 신호를 출력모듈에서 아날로그 신호로 변환한 후 현장으로 송출한다.

디지털 제어시스템은 보호부분과 제어부분을 별도 시스템으로 하여 완전히 분리하던 종래의 방식과 많은 차이를 보이고 있다.

디지털 제어시스템은 마이크로프로세서와 메모리 소자 등을 사용하며 제어 연산은 소프트웨어로 수행한다. 근래에 건설되는 500MW급의 대용량 기력터빈을 비롯하여 가스터빈 및 원자력 터빈 제어시스템에 채용되고 있으며 근래에는 분산제어시스템의 연산속도가 고속화됨에 따라 터빈 제어도 수용하는 추세이다.

디지털 전기식 터빈 제어시스템은 종래의 전기식과 비교하여 부하 응답성이 더욱 향상되었으며 다음과 같은 특징을 갖추고 있다.

- 다중화가 보다 철저하게 이루어져 안정성이 높다.
- 정상 운전상태에서도 용이하게 보수할 수 있다.
- 아날로그에 비해 제어모듈의 수가 감소되고 점유공간이 작다.

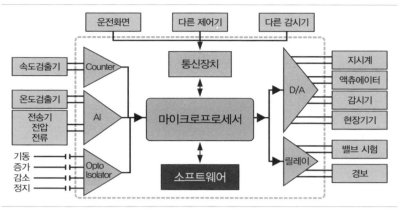

그림 20 디지털 제어기 개요

- 자체 고장진단 기능을 갖추고 있어서 고장발견이 용이하다.
- 중앙처리장치와 기억장치를 이용하여 프로그램으로 처리하므로 하드웨어나 배선의 변경이 없이도 제어회로의 수정, 보완 및 신설과 증설이 용이하다.
- 터빈 열응력 제어와 운용 등의 다양한 선택 사항이 있다.
- 속도조정율 변경이 더욱 용이하며 출력대별로 용이하게 가변할 수 있다.
- 고집적화에 의한 상대적인 가격의 저하와 배선작업 및 조정기간의 단축에 의해 경제성이 우수하다.
- 컴퓨터를 이용한 운전조작반과 키보드 및 마우스 등의 조작으로 플랜트의 감시가 용이하다.
- 제어회로의 파악이 어려우나 개선점이 발견되면 쉽게 수행할 있다.

나. 기능

근래에 건설되는 발전소의 터빈 제어 계통은 터빈 제어의 기본 기능인 속도 및 출력 조정은 물론 보호 기능이 통합되어 있다. 또한, 주증기 압력제한, 복수기 진공제한, 발전기 고정자 냉각수 상실시 출력 감발 등의 부가기능과 경보, 운전이력, 보조기기 기동정지 등을 동일 시스템 내에 수용하여 기능이 통합된 터빈제어 시스템으로 되었다.

속도검출은 터빈 축에 원주방향으로 부착된 치차를 마주 보도록 설치된 속도검출기를 이용한다. 영구자석에서 발생되는 자속과 터빈의 축에 따라 회전하는 치차가 쇄교하여 페러데이의 전자유도 법칙에 의하여 중간에 위치한 코일에 정현파로 유기되는 기전력의 주파수를 계측하여 터빈의 현재 속도를 검출한다.

열응력 경감을 위한 전주분사 운전과 터빈 효율 증진을 위한 부분분사 운전 전환 기능, 증기온도 및 회전력 변동으로 인한 열응력 및 원심응력을 산출하여 운전정보를 제공하는 열응력 감시 기능, 부하추종 운전 중 출력궤환 회로의 역기능을 방지하기 위한 주파수 보정 기능 등 여러 가지 기능을 갖추고 있다.

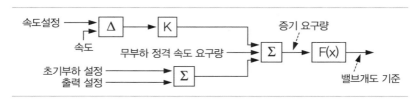

그림 21 증기터빈 기본 제어

또, 경미한 비정상 상태에 대하여는 경보를 발생하고 터빈 과속도를 비롯한 긴급 이상 상태 발생시 유입 증기량을 차단함으로서 터빈을 보호하는 기능을 수행한다.

종래에 제어 대상을 증기유량 제어밸브의 개도에 국한하여 터빈 속도와 발전기 출력만을 제어하는 기계식의 조속기에서 현재는 터빈 보호장치와 윤활장치, 증기밀봉장치, 저압터빈 배기 살수 제어계통, 고압유 발생장치 등의 보조기기 제어 일체를 수용하는 디지털 전기식의 터빈 제어시스템으로 발전하였으며 발전기 전압, 역률 조정 및 자동 계통병입 등도 수용하는 추세이다.

다. 디지털 제어시스템 속도제어

종래에 기계식 터빈 조속 장치와는 달리 근래의 터빈 조속 장치는 디지털 전기식이 개발되어 광범위하게 운전되고 있으며 컴퓨터를 이용한 제어이기 때문에 여러 가지 기능을 구현할 수 있고, 과속도 보호

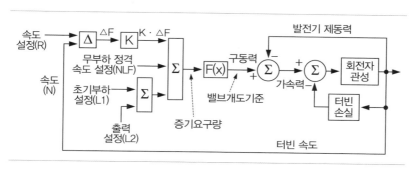

그림 22 비례제어 제어를 채용한 터빈속도제어

에 관하여도 다양한 알고리즘이 개발되어 있다.

발전소의 주기기인 발전기와 이의 원동기인 터빈을 제어하는데 있어서 회전자 진동, 윤활유 압력, 밀봉유 압력, 냉각수 온도, 복수기 진공 등 중요한 요소가 많이 있으나 그 중에서 가장 중요한 요소는 속도제어이다.

전통적으로는 증기터빈 속도제어에 비례제어를 채용하여 왔으나 근래에는 계통병입(또는 정격속도) 이전에는 적분제어를 채용하는 경우가 증가하고 있다. 〈그림 22〉는 비례제어를 채용한 속도제어를 나타내고 있다.

〈그림 22〉에서 속도제어는 비례제어이므로 제어원리에 의하여 잔류편차가 발생한다. 즉, 터빈이 정지한 상태에서 속도설정치(R)를 정격속도로 하여 승속하면 실제속도는 정격속도보다 작게 되어 잔류편차(ΔF)가 발생하여 증기요구량(SD:Steam Demand)으로 된다.

이 상태는 발전기가 계통병입 이전이므로 발전기 제동력은 없다. 따라서, 구동력은 곧 가속력으로 되고 여기에 터빈 손실을 고려하면 회전자의 관성으로 회전하고 있다.

잔류편차를 제거하기 위하여 잔류편차 ΔF에 제어기 이득 K를 곱한 값, 즉 K · ΔF에 무부하 정격속도 설정치(NLF)를 합산하여 증기요구량을 증가시켜서 잔류편차를 제거한다. 계통병입이 완료되면 발전기 차단기 접점을 입력으로 초기부하 설정치(L1)를 자동으로 합산하여 구동력을 증가시키고 이어서 운전원이 출력설정치(L2)를 증가시키면 구동력이 더욱 증가한다.

즉, NLF와 L1 및 L2는 속도제어기의 바이어스인 것이다. 그런데 계통병입이 완료되면 구동력이 증가하더라도 발전기가 계통에 구속(동기)되어 있으므로 속도 증가는 미세하고 에너지 보존법칙에 따라 발전기 출력이 증가한다.

속도 증가가 거의 없는 것은 터빈 구동력과 발전기의 제동력이 동일하여 가속력이 발생하지 않기 때문이다. 이것을 속도제어회로 측면에서 설명하면 다음과 같다.

$$SD = 20(100\% - N) + NLF + L1 + L2$$

그런데 NLF는 속도를 정격속도 즉, 100%로 유지하기 위한 상수이고 L1과 L2는 발전기 출력에 관계되므로 전부하 운전 상태에서는 100%이므로 속도로 환산하면 다음과 같다.

$$SD = 20(105\% - N) + NLF$$

따라서, 전부하 병렬운전 중에 터빈 속도를 105%까지 올리려고 하나 속도는 상승할 수 없으므로 5% 편차가 발생하고 이득 20을 고려하면 증기요구량은 100%로 되어서 증기조절밸브가 열려 있으므로 발전기 출력이 나타나는 것이다. 발전기 출력은 터빈 속도제어의 결과로 발생되므로 터빈 제어는 발전기가 계통병입되어 있어도 오직 속도만을 제어하는 것으로 해석할 수 있다.

증기량 제어 측면에서 설명한 위의 내용을 다시 속도 측면에서 설명하면 출력설정치는 곧 무부하 속도설정치로 생각할 수 있다. NLF는 매우 작은 값이므로 무시하고 L1과 L2를 합하여 L이라 하여 수식으로 나타내면 증기요구량 SD는 다음과 같다.

$$SD = 20(R - N) + L = 20(R + 0.05L - N)$$

이것을 속도 즉, N에 대하여 풀면 다음과 같다. 즉,

$$N = -0.05SD + R + 0.05L$$

상기 수식은 일차방정식이므로 그래프로 나타내면 〈그림 23〉과 같다.

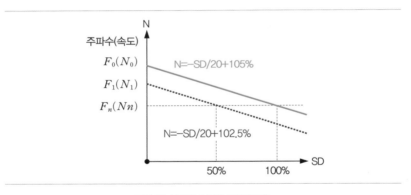

그림 23 부하와 속도의 도식적 표현

〈그림 23〉을 해석하면 다음과 같다. 터빈의 증기량 즉 발전기 부하가 100%인 상태에서 전력계통에 병렬로 운전되면 터빈·발전기의 속도는 N_n이다. 그런데 제어조건이 불변인 상태에서 부하가 탈락되면 구속력이 상실되므로 속도는 N_0로 상승한다.

03

CHAPTER

조속 장치의 특성

조속 장치의 특성

1. 속도조정율

가. 속도조정율(부하 추종운전의 경우)

부하시 속도조정율(Speed Regulation)은 부하 추종운전시 계통부하 변동에 따른 실제속도 변동과 이에 대응한 발전기 출력응동의 정량적 관계를 나타낸다. 보통의 경우 속도조정율이라 함은 바로 부하 추종운전 상태의 속도조정율을 의미하며 다음의 식으로 정의되고 조속 장치의 특징을 결정하는 중요한 인자이다.

$$속도조정율 : Rs(\%) = \frac{\Delta F/F_n}{\Delta P/P_n} \times 100(\%)$$

여기서, ΔF, F_n : 주파수 변동량, 정격 주파수(Hz)

ΔP, P_n : 출력 변동량, 정격 출력(MW)

속도조정율은 조속 장치의 안정성과 관련되며, 속도조정율을 작게 설정하면 조속기는 예민하여 난조를 일으킬 수 있고, 크면 주파수 변화에 따른 출력 응동력이 부족하다.

즉, 조속 장치의 속도조정율이 크다는 것은 계통 주파수가 크게 변하더라도 발전기의 출력변화가 작다는 것을 의미한다.

따라서 원자력발전소와 같이 안정성을 최우선으로 하는 경우는 속도조정율을 대단히 크게 하고, 계통 주파수 제어 운전을 할 경우에 일정한 부하를 분담해야 할 발전소는 속도조정율을 크게 하며, 반대로 수력발전기와 같이 부하변동 부분을 흡수해야 하는 발전소는 속도 조정률을 작게 해야 한다. 그러나 속도조정율의 적정한 설정값은 에너지 발생기의 안정성을 보장하는 수준이어야 한다.

기계식 조속기와 같이 과속도 제어를 속도조정율에 의해서만 수행하는 경우에는 속도조정율이 크면 부하차단시 최고속도가 증가하게 된다. 증기터빈의 경우 부하대별로 증기조건이 매우 다르고 증기 발생에 장시간 소요되므로 실측 속도조정율은 저부하일 수록 크게 나타나는 경사 특성을 지닌다.

가스터빈은 작동유체의 보급 속도가 빠르고 일반 수력발전기의 경우는 낙차가 거의 일정하므로 저부하 및 고부하에서 실측 속도조정율은 비슷하다.

나. 속도조정율(부하차단의 경우)

전력계통에 정격출력으로 병렬운전 중 발전기의 부하가 갑자기 탈

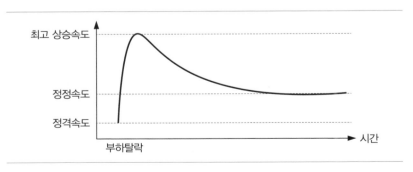

그림 24 부하 차단시 속도 변동

락되는 경우, 즉 전부하탈락이 발생한 경우 터빈·발전기는 속도가 상승하고 제어기에 의하여 터빈에 유입되는 작동유체는 차단된다.

그러나 이미 유입된 작동유체의 기계적 에너지에 의하여 제어기와는 무관하게 터빈·발전기는 최고속도까지 상승하게 된다. 최고속도에 도달하면 관성에 의하여 그 속도를 유지하고자 하나 마찰력이 존재하므로 속도는 감소하게 된다.

마찰손 및 풍손 등에 의하여 속도가 감소함에 따라 제어기는 정해진 설정값으로 터빈·발전기를 제어하여 터빈 속도는 정상상태에 도달한다. 이 때 제어되는 속도를 정정속도(Settling Speed)라 하며, 전부하 차단의 경우 ΔP 즉, 출력 변동량은 100%이므로 속도조정율은 다음과 같이 된다.

$$\text{속도조정율}: Rs(\%) = \frac{\Delta F}{F_n} \times 100(\%)$$

또한 속도로 표시하면

$$Rs(\%) = \frac{N_S - N_N}{N_N} \times 100(\%)$$

여기서, N_S : 전부하차단시 정격속도

N_N : 정격속도

종래의 기계식 조속기에서는 전부하차단시 부하설정값이 변경되지 않으므로 속도조정율 설정값이 5%인 경우 정정속도는 105% 정도이다.

그러나 현재의 터빈 디지털 제어시스템에서는 차단기 접점 등으로 부하기준값을 무부하 정격속도유량 또는 0% 등으로 재설정하므로 정정속도는 100%정도로 된다.

따라서 디지털 제어시스템에서는 비례제어만 채용한 경우에도 속도조정율의 의미가 퇴색되었고, 또 최근의 터빈제어는 계통병입 이전에 비례적분제어를 수행하는 추세이므로 더욱 퇴색되었다. 속도변동율(Speed Variation), 즉 속도상승율은 다음의 식으로 정의된다.

$$\text{속도변동율} : Sv(\%) = \frac{N_P - N_O}{N_n} \times 100(\%)$$

여기서, N_P : 최고 상승속도

N_O : 차단직전 속도

N_n : 정격속도

2. 속도수하

수하(Droop, 垂下)란 비례제어에서 부하변동에 따른 작동유체의 변동을 나타내는 용어로서 비례대를 말하는 것이며 속도수하(Speed Droop)는 실제속도 변동과 작동유체 제어밸브 응동의 정량적 관계를 나타낸 것으로 주로 기계식 조속기에서 쓰이던 용어이다.

과거 기계식 조속기에서는 작동기가 한 개로서 서보모터의 개도를 조절하고 서보모터 개도에 의하여 4개 또는 6개 증기 조절밸브의 개도가 결정된다. 속도수하는 다음의 식으로 정의된다.

$$\text{속도수하율} : \mathrm{Sd}(\%) = \frac{\Delta \mathrm{F}/\mathrm{F_n}}{\Delta \mathrm{L}/\mathrm{L_n}} \times 100(\%)$$

여기서, $\Delta \mathrm{F}$: 주파수 변동량

  F : 정격 주파수 (Hz)

  $\Delta \mathrm{L}$: 서보모터 개도변동량

  $\mathrm{L_n}$: 정격 출력시 서보모터 개도

근래의 밸브제어를 개별적으로 수행하는 디지털 제어시스템에서
도 제어프로그램 내부에서 주증기 제어밸브(CV:Control Valve) 전
체에 대하여 발생하는 주신호, 즉 증기요구량(CVR:Control Valve
Reference, SD:Steam Demand, SFR:Steam Flow Request, GM:
Governor Valve Master)에 따라 개별 제어밸브의 개도가 결정된다.

따라서 이 경우 수하(Droop)는 주파수 변동과 주신호 변동의 관계
이다. 위의 관계에서 속도수하율은 원동기 측면을 고려한 것이고 속

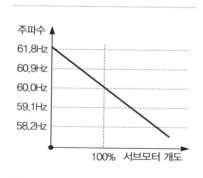

그림 25 Droop 3%

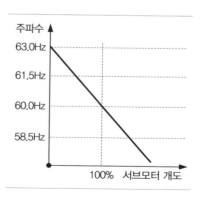

그림 26 Droop 5%

도조정율은 발전기 즉, 피구동체 측면을 고려하였음을 알 수 있다.

일반적인 터빈에서 제어밸브 개도변동은 발전기 출력 변화로 나타나고 작동유체의 압력변동이 적으면 양자의 관계는 거의 선형적인 관계를 가지므로 물리적인 의미는 비슷하다. 현재의 디지털 제어시스템에서는 증기 제어밸브에 작동기가 개별적으로 있으므로 보통 발전기 출력을 대상으로 하는 속도조정율이 사용된다.

그러나, 과거의 기계식 조속기는 단일 서보모터의 개도변화에 대하여 여러 증기 제어밸브의 개도가 결정되고 또 기계적인 접속부분이 많아서 증기 제어밸브 개도와 발전기 출력의 관계가 상당히 차이가 날 수 있다. 속도 변동에 대응하여 제어밸브 개도와 발전기 출력이 응동하므로 제어기를 중심으로 생각하면 속도수하율과 속도조정율은 공히 『입력변동분을 출력변동분으로 나눈 값』이므로 제어이론을 적용하면 비례제어기의 비례대에 해당된다.

비례대와 이득은 역수의 관계이므로 속도수하율 및 속도조정율 5%와 2%는 각각 이득 20과 이득 50에 해당된다. 수하는 직각 좌표계에서 가로축이 증가할 때 세로축은 감소하는 특성으로서 주증기 압력과 유량, 발전기 전압과 전류, 주파수와 전기부하, 수압과 토출유량 등에서도 공통적으로 나타나는 물리적 현상이다.

3. 불감대

불감대(Dead Band)는 보통 부하추종운전 상태에서 제어밸브 개도가 일정한 범위에서 전체 속도 변동폭, 즉 밸브개도가 변동되지 않는 속도(주파수) 변동폭으로서 엄밀히 표현하면 부동대이다. 불감대는 제어장치의 둔감성을 표시한 것이며 정격속도에 대한 속도 변동폭의 백분율로 표시한다.

전통적으로는 주파수 또는 속도 변동폭을 2로 나누어 표시하여 왔으나 그런 경우에는 ± 기호를 붙여야 한다. 예를 들어 불감대 0.06%는 ±0.03%와 같다.

4. 부동시간

부동시간(Dead Time)은 속도가 변동된 후 제어 메커니즘이 동작하기까지의 경과시간이다. 보통 부하를 차단하여 속도가 상승하는 경우 조속기가 동작하여 증기 등의 작동유체를 차단하게 되는데 증기량 조절밸브를 동작시켜야 한다.

이 때 속도 증가한 후 증기량 조절밸브가 닫히기 시작하기 까지 소요되는 시간을 부동시간이라 한다. 디지털 제어시스템에서는 실행시간을 빠르게 조정하면 부동시간이 감소한다.

근래에는 발전기 전류나 전기출력의 감소를 검출하여 속도가 상승하기 이전에 PLU(Power Load Unbalance) 등을 이용하여 증기량 조절밸브를 동작시키는 방식이 일반적이므로 동작 명령의 관점에서 부동시간을 새롭게 정의할 필요성이 대두되었다.

5. 패쇄시간

부하를 차단하여 부동시간이 경과한 후 증기량 조절밸브가 닫히기 시작하여 전폐될 때까지 소요되는 시간으로 이 시간이 길면 속도상승율이 증가한다. 〈그림 27〉은 500MW 석탄화력발전소의 부하차단 시험 데이터이며 부동시간과 폐쇄시간을 구해보면 〈표 1〉과 같다.

표 1 부동시간과 폐쇄시간

구분	CV-1	CV-2	CV-3	CV-4	IV-1	IV-2
부동시간(msec)	40	40	40	–	40	40
폐쇄시간(msec)	100	100	47	–	151	130

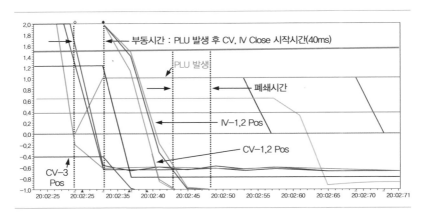

그림 27 부하 차단시험 차트

04

CHAPTER

터빈 디지털 제어시스템

터빈 디지털 제어시스템

터빈 제어의 기본 기능은 속도제어와 출력제어로서 부가기능으로 주증기 압력제한, 복수기 진공제한 등이 있다. 제어기에 전달된 속도 신호는 운전조작반에서 운전원이 설정한 목표값과 비교되어 발생한 편차가 밸브제어 회로의 입력신호로 되어 터빈에 유입되는 증기량을 조절한다.

출력제어 회로는 부하 변화율과 부하설정값에 의해 결정되는 부하 기준 신호와 속도 편차에 의해 밸브 개도를 조절한다. 부하기준 신호는 주증기 압력제한, 밸브 개도제한 등의 보호회로를 통과하여 최종적으로 밸브 개도를 조절한다.

다음에 열거하는 여러 가지 기능은 근래에 건설되어 운전되고 있는 500MW급의 기력터빈 제어시스템을 중심으로 설명한 것이며 복합화력의 기력터빈이나 원자력 터빈은 없거나 사용하지 않는 기능이 있다.

1. 시스템 기능

가. 로터 예열

로터 예열은 터빈의 두꺼운 금속 부분의 온도가 제작자에서 제시하는 것보다 낮을 때 시행하며, 예열방법은 터빈에 따라 다소 차이가 있으나, 보통은 주증기 차단밸브(MSV:Main Stop Valve)의 내부 우회 밸브를 통하여 증기를 공급하고 냉각된 물은 복수기로 회수한다.

기계식 조속기의 경우는 터빈 기동정지 그래프를 참고하여 운전원이 수동으로 수행하고 디지털 제어시스템과 같이 터빈 자동 기동장치(ATS:Automatic Turbine Startup, 또는 ATC:Automatic Turbine Control)를 갖춘 터빈은 예열시 금속온도 상승률이 컴퓨터에 의하여 자동으로 결정된다.

로터를 예열하기 위해서는 속도 상승이 없어야 한다. 따라서 재열터빈의 경우 재열증기가 복수기로 흐르지 않도록 재열밸브를 닫아야 한다. 터빈의 수명은 기동, 정지, 급격한 부하운전 등에 따라 큰 영향을 받는다.

특히 열응력에 의한 영향 즉, 고온 고압의 증기와 금속체 사이의 온도차에 의해 발생하는 현상으로 금속온도와 증기온도 사이의 온도차, 열팽창 및 수축량 등에 의해 회전자 내부에 열응력이 발생하게 되어 터빈 수명에 치명적인 영향을 미칠 수 있으므로 터빈 운전시 금속의 온도 변화를 면밀히 감시해야 한다. 예열방법은 터빈에 따라 다소 차이가 있다.

고압터빈 우회계통을 통해 냉간 재열증기 배관을 거처 증기를 공급하는 방법(RFV:Reverse Flow Valve), 보조증기를 사용하는 방법(HSPV:Heating Steam Pressuring Valve), 주증기 차단밸브의 우회밸브를 통해 증기를 공급 방법 등이 있으며, 자동 기동장치를 갖춘 터빈은 보통 예열시 금속온도 상승률이 자동으로 선택된다.

나. 속도제어

예열이 종료되면 터빈은 승속을 하게 되는데 승속율은 주로 터빈의 열역학적 상태량에 따라 정해진다. 터빈은 정해진 승속률로 승속을 하며 어느 일정 속도에 이르면 정속운전을 행하고 임계속도 부근에 이르면 터빈이 공진되는 것을 방지하기 위해 일정한 크기와 주기를 가지고 터빈의 속도를 증감하거나 임계속도를 신속히 탈출한다. 그리고 정격속도에 도달하면 계통병입을 위한 준비작업이 이루어진다.

과거의 기계식 조속기에서는 운전원이 제어밸브 개도를 수동으로 조절하여 속도 상승을 확인하였으나 오늘날의 디지털 제어시스템에서는 컴퓨터의 도움을 받을 수 있다.

터빈의 열적 상태에 따라 열간기동, 온간기동, 냉간기동 방식으로 나눌 수 있으며 이에 따른 승속율은 컴퓨터가 자동으로 결정한다. 그리고 운전자의 조작에 의해 승속율을 임의로 설정할 수도 있다.

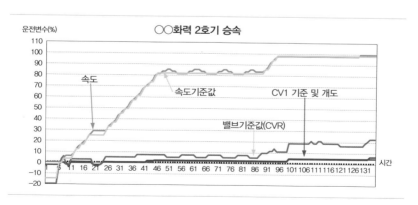

그림 28 OO화력 2호기 승속

운전원에 의해 정해진 속도 기준신호와 터빈 실제속도와의 차에 의하여 속도 편차신호가 발생된다. 이 속도 편차신호는 비례제어기의 이득에 해당되는 속도조정율을 고려하여 증기요구량이 되고 증기밸브 특성커브를 고려하여 최종적으로 서보밸브의 조작신호로 입력된다.

터빈속도가 기준신호와 근접하여 잔류편차가 확립되면 제어기는 터빈의 회전 손실에 해당되는 에너지를 계속 공급하고 터빈은 관성으로 회전한다. 이 회전 손실은 매우 작으므로 속도 증가에 따른 증기 제어밸브의 개도 증가량은 매우 작다.

증기터빈 속도제어는 보통 비례제어를 채용하였으나 근래에는 승속시에 적분제어를 활용하는 경우도 있다. 그러나 계통병입이 완료되면 병렬운전에 의한 부하 분담을 위하여 적분제어를 반드시 제거해야 한다.

다. 과속도 비상정지 시험

발전기의 부하가 탈락하는 등 터빈이 비정상 운전에 진입하면 입출력 불평형에 의하여 과속도의 위험에 처하게 된다. 과속도는 터빈에 치명적인 손상을 주며 가장 중요한 보호대상이다. 과속도가 발생할 경우를 대비하여 과속도 보호장치의 건전성을 시험해야 한다.

이를 위해 터빈의 속도를 실제 과속도 비상정지 설정치(보통 110%) 이상으로 상승시켜야 한다. 일반적으로 발전기를 계통병입하여 일정 출력이상으로 일정시간 이상 운전한 후 병해하여 수행한다. 이를 위하여 정격속도이던 속도 설정치를 과속도 비상정지 설정치 이상으로 한다.

과속도 비상정지 장치는 보통 기계식과 전기식이 있으며 기계식은 속도 증가에 따른 원심력 증가로 동작하므로 정확도가 낮고 디지털 전기식은 속도검출기에서 발생하는 정현파 또는 펄스의 주기를 계산하므로 매우 정확하다. 최근에 건설되는 증기터빈의 과속도 비상정지 장치의 경우 기계식은 설치되지 않고 전기식만 설치되는 추세이다.

라. 속도 병합

속도 병합(Speed Matching)은 터빈·발전기가 정격속도(화력의 경우 3,600rpm)에 도달한 경우 터빈 속도를 계통 속도보다 일정속도 만큼 높게 유지하는 기능이다.

이 상태에서 전압의 위상과 크기를 고려하여 계통병입 조건이 확립되면 차단기를 투입한다. 비례제어에서는 반드시 잔류편차가 발생하

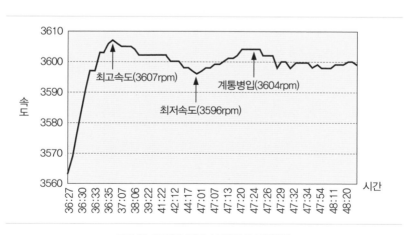

그림 29 ○○화력 1호기 속도병합 및 계통병입

므로 바이어스를 추가하여 정격속도를 유지해야 하며 보통 부하기준
값에 합산한다. 정격속도에서의 바이어스는 적분제어를 사용할 경우
에는 적분기의 출력과 동일하다.

마. 계통병입

종래에는 자동병입 장치를 설치하여 계통병입시 자동전압 조정장치
를 통하여 발전기 전압을 조정하고 조속기를 통하여 터빈 속도를 조
정하였으나, 근래에는 디지털 제어시스템에 자동병입 장치를 수용하
고 자동전압 조정기도 터빈제어 시스템의 하위 제어기로 수용하는 추
세이다. 발전기를 전력계통에 병입할 경우 발전기 단자전압과 계통전
압 사이에 위상차가 있으면 유효전력이, 크기 차가 있으면 무효전력
이 교환된다.

그러므로 동일상의 전압의 크기와 위상차가 허용범위에 있어야 계
통병입을 실시하도록 회로가 구성되어 있다. 정격속도에서 속도병합
운전 후 발전기를 계통병입 하면 초기부하를 형성하기 위해 부하기준
값이 증가한다. 이에 따라 증기요구량이 증가하고 정해진 특성곡선에
의하여 각각의 증기밸브가 열려서 발전기 출력이 증가된다.

발전기가 전동기화되는 역전력의 양과 시간에 따라 부하기준값과
밸브개도 상승시간이 터빈제어시스템에서 결정된다. 자동 초기부하
기능이 없는 경우는 운전원이 수동으로 부하설정값을 조절해야 한다.

바. 전주분사

전주분사(FA:Full Arc)란 저부하에서 터빈의 증기유량을 조절하는 방식이다. 기계식 조속기에서는 주증기 제어밸브를 완전히 열고 주증기 차단밸브의 개도를 조절하는 방법을 사용하고 디지털 전기식에서는 주증기 차단밸브를 완전히 열고 주증기 제어밸브의 개도를 조절하는 방법을 사용한다.

전주분사는 저부하에서 고압터빈의 온도 분포를 균등히 유지하여 열응력을 최소화하기 위한 운전 방법으로서 고부하에서는 교축손실이 많으므로 사용하지 않는다. 제작사에 따라서는 단독조절(Single Valve Mode)이라고도 한다.

사. 부분분사

부분분사(PA:Partial Arc)란 주증기 차단밸브를 완전히 열고 주증기 제어밸브로 증기유량을 조절하는 방법으로서 고부하시 교축손실

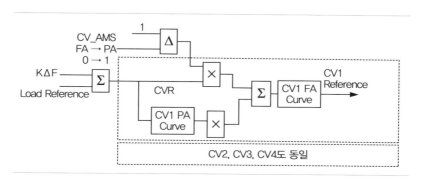

그림 30 ○○화력 3호기 FA/PA 전환

을 줄이기 위하여 고안된 운전 방식으로 CV가 4개 설치된 경우 2 분
사방식과 3 분사방식이 있다.

2 분사방식은 CV1과 CV2 및 CV3을 동시에 움직이고 CV4는 맨
나중에 움직이는 방식이고, 3 분사방식은 CV1과 CV2를 열고 CV3
을 연 후에 CV4를 여는 방식이다.

저부하 운전중 출력을 증발하면 전주분사에서 부분분사로 전환되고,
고부하에서 부분분사로 운전중 발전기 부하차단으로 무부하 또는 소내
부하 운전으로 되면 전주분사로 신속히 절환되어 열충격을 경감한다.

제작사에 따라서는 순차조절(Sequence Valve Mode)이라고도 한
다. 〈그림 30〉에 증기요구량(CVR)과 부분분사 및 전부분사 커브에
따른 주증기 제어밸브의 개방 알고리즘이 잘 나타나 있다.

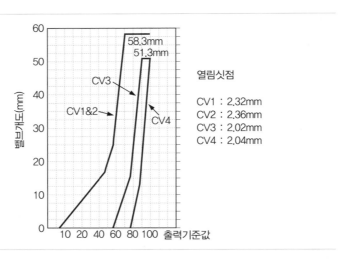

그림 31 ○○화력 2호기 부분분사 특성

아. 로터 열응력 감시

고압터빈 로타 예열, 승속 및 출력 변동 중에 증기온도와 터빈 속도의 변동에 따라 발생하는 열응력 및 원심응력을 산출하여 운전원에게 승속율과 부하 증감율 등의 운전 정보를 제공하는 동시에 터빈의 수명 소비율(CLE:Cycle Life Expenditure)을 지시하기도 한다. 가열에 의한 응력은 양의 값(+)로 지시되고, 냉각에 의한 응력은 음의 값(−)으로 표시된다.

제작사에 따라서 RSM(Rotor Stress Monitor), RSI(Rotor Stress Indicator), TSE(Thermal Stress Evaluator) 또는 RSE(Rotor Stress Evaluator)라고도 한다. 원전 증기터빈은 증기온도와 압력이 낮고, 회전수가 작으며 기동시간이 길기 때문에 로터 열응력 감시가 별로 중요하지 않으므로 기동부터 효율을 중시하여 부분분사로 운전하는 터빈도 있다.

자. 부하 조절운전

시시각각으로 변화하는 전력계통의 주파수에 대응하여 발전기의 발전력을 증감함으로서 전기 품질의 중요한 요소인 정격 주파수를 유지하기 위한 부하 추종운전으로서 제작사에 따라 Governor Regulation 운전이라고도 한다. 부하 추종운전에서는 속도조정율이 매우 중요하며 설정값은 보일러 제어계의 안정을 보장하는 수준이어야 한다.

차. 속도 불감대 운전

±0.25Hz 이내에서는 계통 주파수가 변화하여도 발전기 출력을 변동시키지 않는 GE의 운전 방식으로서 전기품질 향상에는 기여하지 못하나 주파수 변화가 외란으로 작용하지 않으므로 발전소의 안정적 운전에는 좋은 운전방식이며, 타 제작사의 부하제한(Load Limit) 운전에 해당된다.

저부하에서 속도 불감대 운전 중에 부하탈락이 발생하면 부하조절 운전보다 최고속도가 상승한다. 주파수 변동이 불감대보다 크면 『주파수 변동량 − 불감대』만큼 증기밸브를 조절한다.

카. 출력궤환과 주파수 보정

초기부하 확립 이후 발전기 출력제어는 보통 부하설정값과 부하율을 입력하여 증기 조절밸브의 개도를 제어한다. 발전기 출력을 피드백하여 운전하는 방식이 있는 경우는 보통 고부하에서 선택되며, 이 상태에서는 운전원에 의한 부하설정값과 실제 발전기 출력을 비교하여 터빈에 유입되는 증기량을 조절한다.

즉, 출력궤환(MW Feedback 또는 Load Loop) 운전으로 이 기능을 사용하면 발전기의 부하 추종운전이 곤란하다. 발전기 출력 대신에 터빈 1단 압력 또는 2단 압력을 사용하는 경우도 있다. 부하 추종운전을 하고 있는 발전소에서 출력 궤환회로를 사용할 경우 속도 편차에 의하여 발전기 출력은 증감하나, 주파수 보정 기능이 없다면 증감된 출력은 출력 궤환회로에 의하여 설정 출력으로 복귀된다.

이러한 출력 복귀현상을 방지하기 위하여 출력궤환 회로에 속도 편차를 합산하는 기능을 보통 주파수 보정(Frequency Correction)이라 하며, Hz Bias 또는 Governor Compensation이라고도 한다.

타. 밸브 위치제한

터빈의 주증기 제어밸브 개도가 정해진 설정값 이상으로 상승할 때, 이를 방지하여 주증기 압력의 과도한 저하를 미리 방지하는 기능이다.

즉, 부하추종 운전 중 대용량 전원의 계통 탈락으로 발전량이 부족하여 주파수가 크게 저하할 경우, 이에 대응하여 주증기 제어밸브가 과도하게 열리는 것을 일정폭으로 제한하여 주증기 압력의 안정을 도모하는 운전방식으로 밸브 위치제한(VPL:Valve Position Limit 또는 CVOL:Control Valve Openning Limit)이라 한다.

여기에 부가하여 최근에는 비율제한기를 장착한 자동 추종장치를 채용하고 있다. 이는 급격한 주파수 변동시 주증기 제어밸브의 스텝 개도상승을 일정 폭으로 제한한 후, 일정 속도로 개도상승을 허용하는 방식으로 계통 주파수가 과도하게 저하할 경우 소내 안정운전을 기하는 동시에 계통 주파수 유지에 대한 기여도를 더욱 증진시키고 있다.

파. 증기밸브 시험

터빈이 정상 운전 상태이면 주증기 차단밸브, 재열증기 차단밸브, 재열증기 제어밸브는 100% 개도에서 고정된 상태로 연속 운전되고, 부하추종 운전이 아니면 주증기 제어밸브도 일정한 위치에서 움직이지 않는다.

그런데, 밸브 스템에 산화물이 과도하게 축적되면 비상시에 밸브를 빨리 닫을 수 없으므로, 주기적으로 시험을 실시하여 정상동작 여부를 확인해야 한다. 밸브 시험은 발전소 제어계가 안정된 상태에서 시행하는 것이 바람직하다. 또한, 주증기 제어밸브를 시험하는 경우에는 출력 감발이 일어나지 않아야 한다.

그러므로 CV1을 닫을 경우 터빈 제1단 압력의 감소를 검출하여 다른 밸브를 개방함으로서 제1단 압력의 저하를 방지한다.

하. 주증기 압력제한

주증기 압력제한(MSPL:Main Steam Pressure Limit) 이란 주증기의 압력이 과도하게 저하할 경우, 터빈에 습분이 유입될 우려가 있으므로 주증기 제어밸브를 닫아서 압력을 적정치로 유지시키는 기능으로서 발전소에 따라서는 초압조절(IPR:Initial Pressure Regulator), 초압제한(IPL:Initial Pressure Limiter), 교축압력제한(TPL:Throttle Pressure Limiter)이라고도 한다.

GE의 터빈 제어시스템은 비례형과 비율형이 있다. 비례형 주증기

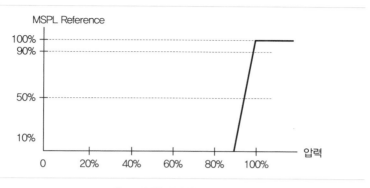

그림 32 비례형 압력제한 특성 예

압력제한이 동작하면 보통 다음 식과 같이 부하기준값이 감소한다.

$$\text{MSPL Reference} = 100 - 10(100 - \text{Pressure})$$

복합화력의 증기터빈에서는 증기의 과열도가 낮으므로 일정부하에 도달하면 초압제어(IPC:Initial Pressure Control) 기능을 이용하여 출력을 증발하고 변압운전을 실시한다.

거. 복수기 진공제한

복수기 진공제한(VPL:Vacuum Pressure Limit) 이란 복수기의 진공도가 과도하게 저하할 경우, 즉 복수기 압력이 과도하게 상승할 경우, 유체 밀도의 증가로 인하여 저압 터빈의 회전날개가 과열될 우려가 있으므로 주증기 제어밸브를 닫아서 복수기로 유입되는 증기량을 감소시키는 기능으로 발전소에 따라서 차이가 있으나 채용하지 않는 발전소가 많다.

너. 고정자 냉각수 상실 출력감발

발전기 고정자의 냉각수가 상실되면 발전기 출력을 감발해야 하며 보통의 디지털 제어시스템에서는 이를 위하여 〈그림 33〉과 같은 알고리즘이 구현되어 있다. 이 경우 출력 감발율이 매우 빠르며 발전소 전체의 입장에서 압입 통풍기 등 중요 기기 한 대 불시 정지시 발생하는 50% 출력 감발과는 다르다. 현장의 접점 입력신호는 스위치에 의한 연속 동작 방식과 타이머에 의한 간헐적 동작 방식의 두 종류가 있다.

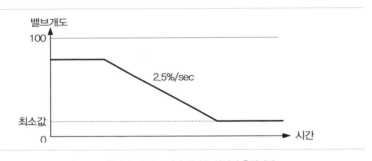

그림 33 ○○원자력 1호기 고정자 냉각수 상실시 출력감발

최근에는 고정자 냉각수가 상실되면 발전기를 비상정지 시키는 방식이 증가하고 있다.

더. 제어프로그램 개요

〈그림 34〉에 나타낸 제어프로그램은 근래에 건설되는 초임계압 변압운전 발전소의 터빈제어 개요도이다. 기동은 재열증기 제어밸브를 이용하여 수행하고 이것을 Reverse Flow라 하며 주증기 조절밸브가

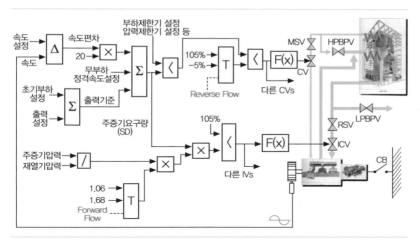

그림 34 터빈 바이패스를 채용한 500MW 석탄화력 터빈제어 개요도

열리는 것은 Forward Flow라 한다.

2. 증기밸브 개도제어

저속회전 상태에 있는 터빈을 기동하여 정격속도에 도달한 후 발전기가 전력계통에 병렬로 연결되면 작동유체의 유량 증가에 따라 발전기의 출력이 증가한다. 터빈의 속도와 출력을 조절하기 위해서는 작동유체의 유량을 조절해야 한다.

이를 위해 최종적으로 밸브를 제어해야 한다. 따라서 속도 및 출력 제어 신호에 따라 밸브 개도를 제어하기 위한 하위 제어기가 필수적이다. 증기 조절밸브는 터빈 유입 증기의 유량을 조절하므로 단순히 제어밸브라고도 하고 증기의 유량을 조절하여 터빈의 속도와 발전기의 출력을 조절하므로 조속밸브(GV:Governor Valve)라고도 한다.

제어밸브를 작동시키기 위해서는 최근에는 전동력(電動力)을 이용하기도 하나 보통은 유압(油壓) 서보밸브를 많이 이용하고 있다. 증기밸브의 개도를 만족스럽게 제어하기 위해서는 구동부인 서보밸브, 검출부인 개도 검출기 및 이를 활용하여 밸브를 제어하는 제어회로의 3요소가 핵심 요소이다.

증기밸브를 제어하기 위해서는 최소값 선택회로가 필수적이며 이는 속도 및 출력제어 회로, 부하제한 설정, 주증기 압력제한에 의한 기준값 등 여러 가지 터빈제어 기능의 증기요구량 중에서 가장 작은 값을 취하여 밸브 개도를 제어하는 회로를 말한다. 최소값 선택회로의 출력신호, 즉 증기요구량에 밸브 특성커브를 고려하면 개별 밸브의 개도요구량이 된다.

현장 유압계통은 전기유압 변환기(EHC:Electro Hydraulic Converter) 방식, 보조밸브(Pilot Valve)와 서보모터를 이용한 방식이 있으며, 근래에 건설되는 발전소는 보통 고압 제어유 발생장치를 별

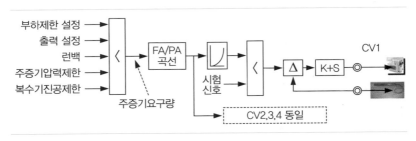

그림 35 최소값 선택 회로와 밸브 제어

도로 설치하고 서보밸브는 서보모터(유압 실린더)를 직접 구동한다.

서보밸브는 중립점 전류가 매우 작으므로 밸브제어기의 소비전력이 감소하는 장점이 있으며, 신규 건설 발전소는 삼중화 제어기가 채용되고 있으므로, 밸브 내부에 토크 모터의 전기자에 각각 독립적으로 코일을 세 개 장착한 삼중코일 서보밸브가 채용되고 있다.

밸브 제어기를 디지털식으로 사용하면 디지털 제어기의 특징인 실행시간이 매우 빨라야 하며 5msec~20msec 정도가 보통이다. 또한 작동기마다 서보밸브를 장착하여 밸브제어를 개별적으로 수행하는 경우에는 부하기준값과 발전기 출력의 오차를 작게 하기 위하여 밸브 선형화 특성이 필요하다.

가. 이중루프 제어(1)

〈그림 36〉은 급수펌프 구동용 터빈과 기계식 조속기를 디지털 전기식으로 개선하는 경우의 증기밸브 제어에 많이 쓰이는 방식을 나타낸

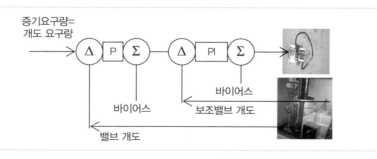

그림 36 이중루프 단일신호 밸브제어

것으로 유압 서보밸브는 작은 유량으로 보조밸브의 개도를 조절하고 보조밸브는 유량 증폭기로 되어 큰 유량으로 주밸브의 개도를 직접 조절한다.

보일러 급수펌프터빈(BFPT:Boiler Feed Pump Turbine)의 경우 서보

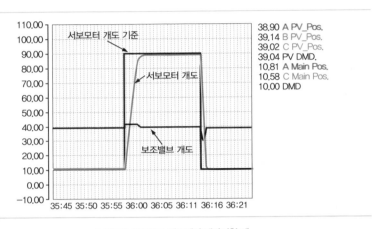

그림 37 이중루프 밸브제어 계단시험 예

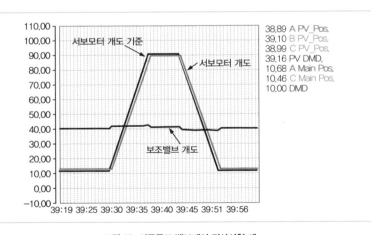

그림 38 이중루프 밸브제어 경사시험 예

밸브와 서보모터의 검출기에 단일신호를 채용하는 경우가 많다. 이 경우 서보밸브 제어는 제어신호가 고장일 경우 증기밸브는 닫히고 프로세스는 정지하는 단점이 있으나 가장 간단하여 구성이 용이하다.

따라서 공정 계통에서 중요도가 다소 낮은 경우에 많이 사용되고 있다. 특히, 밸브를 구동하는 유압이 $12kg/cm^2$ 정도로 낮은 경우에 많이 쓰이고 있다. 근래에 건설된 발전소 500MW 화력발전소와 표준형원전(OPR1000)은 보조밸브개도 제어가 전기적 피드백 없이 현장에서 기계적으로 이루어지는 방식이 채용되고 있다.

개도설정값과 밸브개도가 일치되어 있는 상태이면 보조밸브와 서보밸브는 중립점(보통 50%개도)에서 운전된다. 이 때, 제어기 개도설정값이 변동되면 편차신호에 의하여 보조밸브 개도설정값이 변동되고 이에 따라 서보밸브의 전류가 변동되어 보조밸브의 개도가 변동한다. 이에 따라 변동된 주밸브(서보모터)의 개도가 개도설정값과 일치하면 보조밸브의 개도는 중립점으로 복귀하고 서보밸브 스풀도 중립점으로 복귀한다.

과속도 발생 등 비상시에 증기밸브 폐쇄를 솔레노이드를 사용하지 않고 서보밸브로 수행하는 경우가 많으며 이 경우 보조밸브가 중립점에서 벗어나는 양이 작아도 주밸브의 폐쇄동작이 매우 신속하다. 〈그림 37〉과 〈그림 38〉은 이중 적분 구조의 증기밸브에 대한 단위계단 시험과 경사시험 결과이다.

나. 삼중신호 제어(1)

삼중코일 서보밸브를 이용한 밸브 제어계통을 도식적으로 표현하면 〈그림 39〉와 같다. 제어 프로그램상 기준값은 1개 이고 이것은 3개의 회로로 분기하여 서보밸브의 3개 코일로 각각 입력된다. 삼중화 중앙처리장치에서 각각의 서보밸브 코일에 전류를 발생시켜서 밸브 개도를 제어한다.

그런데 중앙처리장치 1대가 고장을 일으키거나 또는 기타의 원인으로 서보코일에 흐르는 전류가 상실된 경우, 증기밸브가 닫혀서 출력 감발의 요인이 될 우려가 있다. 따라서 서보전류가 상실되는 것을 감지하여 다른 중앙처리장치에서 중립점 전류를 보상하여 밸브개도의 변동을 억제한다.

또한, 밸브개도 검출기가 고장을 일으킨 경우 이를 제어에서 제거하

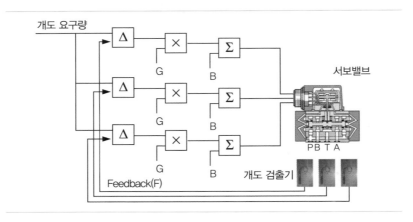

그림 39 3중화 밸브제어

는 알고리즘이 문제로 된다. 예를 들면 밸브개도 50%에서 운전 중에 밸브개도 검출기 한 대가 고장으로 40%를 지시한 경우 세 개의 제어기는 50%를 유지하려 한다.

그런데 1대는 실제개도가 40%이므로 서보전류를 증가시키므로 밸브개도는 증가한다. 건전한 밸브개도 검출기는 50%보다 큰 개도를 검출하므로 두 대의 제어기는 서보전류를 감소시킨다. 따라서 이득과 바이어스가 동일한 경우 밸브는 55%에서 균형을 유지한다. 그러므로 프로세스의 불안요인이 될 수도 있다.

다. 삼중신호 제어(2)

밸브개도 검출기가 고장을 일으킨 경우 이를 제어에서 제거하기 위하여 일반적으로 선택로직을 적용한다. 〈그림 40〉에서는 밸브개도 검

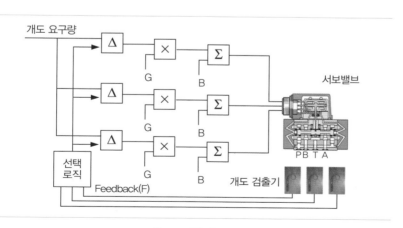

그림 40 3중화 밸브제어

출기 한 대가 고장을 일으켜도 이를 제거하기 위한 선택로직을 채용한 경우의 회로도를 보여주고 있다.

보통은 중간값을 선택하는 알고리즘이 채용되고 있다.

따라서 정상 운전시 운전에 직접 관여하는 밸브개도 검출기는 한 대이다. 만일 한 대에 고장이 발생하면 건전한 두 대 중 높은 값은 선택하도록 한다. 그러므로 출력감발 뿐 아니라 관련 프로세스의 불안 요인을 배제할 수 있다.

라. 전기유압 변환기 방식

지금까지의 밸브제어는 조작유 조절을 위하여 적분형 서보밸브를 사용하는 경우를 살펴보았다. 그런데, 발전소에 따라서는 비례형 서보밸브 즉, 전기유압 변환기 방식을 사용하는 경우도 있다. 이것은 밸브개도가 전기유압 변환기의 출력측 유압에 비례하는 방식이다.

출력측 유압은 현장에서 기계적으로 제어되는 방식과 압력을 전송기로 검출하여 제어하는 방식이 있으며 개도 검출기는 단순히 감시용으로 사용된다.

제어기는 밸브개도를 0~100%로 조절하기 위하여 4~20mA 또는 20~160mA 등을 전기유압 변환기 코일로 보내고 이에 따라 밸브는 0~100%로 열리므로 밸브 교정은 기계적인 링크와 레버를 잘 조절해야 한다.

05

CHAPTER

터빈 제어용 기기

터빈 제어용 기기

터빈을 제어하기 위해서는 압력전송기와 열전대 등 여러 가지 계측기기와 구동장치가 있으나, 터빈 제어의 가장 기본이 되는 것은 속도제어이므로 가장 중요한 계측기는 속도검출기이다.

또, 속도를 조절하기 위해서는 증기 밸브의 개도를 조절해야 하므로 검출기로서 밸브개도 검출기 그리고 구동부로서 서보밸브가 가장 중요한 계장기기이다.

1. 수동형 속도검출기

속도검출기는 보통 터빈 축에 붙어 있는 톱니바퀴에 근접하게 설치된다. 수동형 속도검출기는 전원이 필요하지 않아 고장사례가 거의 없다.

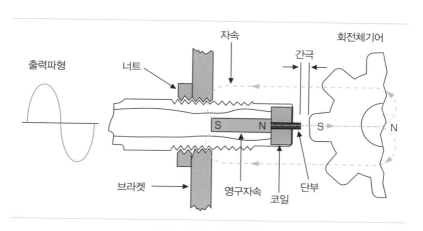

그림 41 수동형 속도검출 원리

수동형 속도검출기는 정자계(靜磁界)를 이용한 단상 교류발전기의 원리를 이용한 것으로서 대상 물체는 자성을 띄지 않아야 한다.

그림 42 수동형 속도검출기

영구자석과 주위의 코일로 구성되어 있으며 톱니가 검출기를 통과할 때 자석회로의 자기저항이 변하고 이 자기장의 변화는 페러데이의 법칙에 따라 코일에 유도전압을 발생한다. 이 출력전압의 크기는 톱니바퀴의 주변속도와 톱니의 수에 비례하고 간극에 반비례한다. 또, 유도전압의 주파수는 축의 속도에 비례한다.

수동형 속도검출기는 구조가 간단하여 신뢰성이 높은 반면 저속도인 경우에는 출력 전압이 매우 작아서 제어시스템의 감도가 좋아야 하므로 영(零)속도를 검출하기 위해서는 능동형을 쓰는 경우가 많다. 대부분의 터빈 제어에서 정상 운전용으로 수동형이 쓰이고 있다.

2. 능동형 속도검출기

설치 간극이 크거나 원동기의 속도가 매우 느린 경우에 사용하는 능동형 속도검출기는 보통 구형파 전압을 출력한다. 속도가 변동할 경우 구형파 전압의 크기는 정해진 값을 유지하고 전압의 주파수는 속도에 비례하여 변동한다. 전자소자의 단속 작용을 이용하므로 근접 스위치라고도 한다.

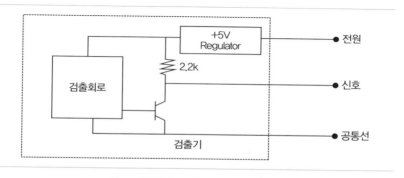

그림 43 능동형 속도검출기 회로(공급전압 추종)

종류에는 출력전압이 전원전압의 크기에 관계없는 방식과 전원 전압의 크기에 비례하는 공급전압 추종방식이 있다.

터빈의 속도 외에 축의 위치, 상대팽창, 진동, 편심 등도 능동형 속도검출기의 원리와 동일하다. 전원은 보통 24Vdc를 많이 사용하며 12Vdc를 사용하는 경우도 있다.

능동형 속도검출기는 내부 전자소자로 인하여 고장 확률이 높으므로 제어용으로는 저속도에 사용하고 고속도에는 적당하지 않다. 하드

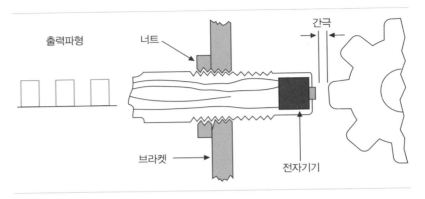

그림 44 근접스위치 속도검출

웨어의 감도가 작은 경우 기동시 저속도에서 큰 신호를 얻기 위해 사용된다.

그림 45 속도검출용 치차

3. 밸브개도 검출기

밸브 제어에 유량형 서보밸브를 사용하는 경우 밸브개도 검출기로는 선형 차동변압기(LVDT:Linear Variable Differential Transformer)가 많이 사용되고 있다. 〈그림 46〉에 차동변압기의 구조도를 나타내었다. 구조는 원통의 내부에 1차 코일(P) 한 개와 2차 코일 두 개 (S1, S2)가 대칭으로 배치되어 있다. 동작원리는 일반적인 변압기의 원리로서 일정한 1차 전압 상태(보통 3kHz)에서 코어의 위치 변화에 따른 자속 변동으로 2차 전압의 크기가 변동하는 특성이 있다.

1차 코일이 외부의 교류에 의하여 여자되면 2차 코일의 상호간에 극성이 반대인 전압이 유도된다.

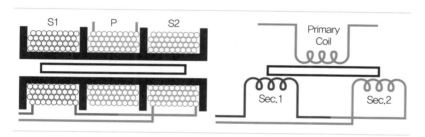

그림 46 선형 차동변압기 결선도

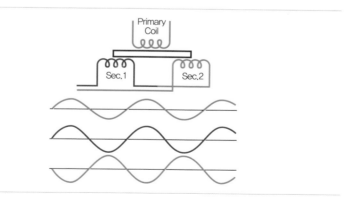

그림 47 선형 차동변압기 출력 파형

따라서 두 전압의 합(合)을 계산하면 알짜 출력이 되며 코어가 중립에 위치한 경우에는 알짜 출력은 0으로 된다. 〈그림 47〉에서 중립점에 있던 코어가 우측으로 이동하면 우측 2차 코일은 전압의 크기가 증가하고 좌측 2차 코일은 전압의 크기가 감소한다.

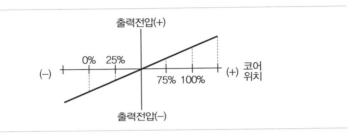

그림 48 선형 차동변압기 출력 전압

피드백 코일을 두 개 사용하는 경우 피드백 전압이 0 볼트로 되면 50%로 검출하게 되어 위험하다. 현재 운전 중인 터빈의 경우 밸브개도를 검출하기 위하여 단권변압기를 이용하는 경우가 많다. 이는 1차 전압의 상실이나 2차 전압의 상실로 인하여 개도를 50%로 오지시하

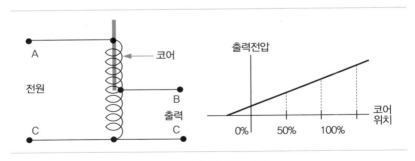

그림 49 단권변압기와 그 출력

는 고장을 극복할 수 있다.

선형차동 변압기와 단권변압기는 선형 변위를 검출하는 데 반하여 가스터빈의 공기량을 조절하는 IGV(Inlet Guide Vane)와 같이 회전 변위, 즉 각도를 검출하는 회전형 차동변압기(RVDT:Rotary Variable Differential Transformer)가 있다. 가동부가 회전하는 점을 제외하면 기본 원리는 LVDT와 거의 동일하다.

또한, 배선 및 설치상의 편리를 위하여 일반적인 전송기와 같이 전원공급(24Vdc) 및 신호검출(mA)을 신호선 2가닥을 이용하는 개도 전송기가 가끔 사용되고 있다. 이 개도 전송기는 내부에 전자소자를 포함하고 있어서 고장의 요소가 있으므로 주의해야 한다.

4. 유압 서보밸브

서보(Servo)의 어원은 라틴어이다. 영어로는 『Slave』이며 복종 또는 봉사를 의미한다. 유압 서보밸브는 전류 입력신호, 즉 명령에 대하여 오일의 흐름을 전환시키는 것으로서 속도/부하 제어의 하부 구동장치이다.

유압 서보밸브는 전기계와 기계계의 연계장치로서 보통 기계 기구의 위치, 속도, 힘 등의 제어에 이용된다.

유압 서보밸브는 증기밸브를 구동하는 구동부로서 전기신호에 비례하는 유량을 출력하는 적분형과 전기신호에 비례하는 압력을 출력하는 비례형이 있으나 여기서는 적분형에 대하여만 살펴보기로 한다.

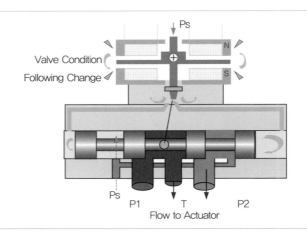

그림 50 제트 파이프형 서보밸브

서보밸브의 기본적인 구성 요소는 토크모터, 유압증폭기, 스풀이다.

유압증폭기는 노즐/플레퍼와 제트 파이프로 분류된다. 이 세 가지를 적당히 제작하여 조립하면 다음과 같이 동작한다.

전기 입력신호를 토크 모터에 인가하면 전기자 코일의 종단(終端)에 자기력이 발생된다. 이 자기력으로 인하여

- 제트 파이프 방식에서는 전기자와 제트 파이프가 이동하여 양쪽 유로에 유량의 차이가 발생하므로 스풀의 위치가 변동된다.

- 노즐/플레퍼 방식에서는 굴곡 튜브 내에서 전기자와 플레퍼가 편향되어 유체의 흐름이 한 쪽은 감소하고 반대 쪽은 증가하여 스풀의 위치가 변동한다.

따라서 공급 포트가 제어 포트로 이동하고 귀환 포트는 다른 제어 포트로 이동한다. 스풀이 이동하면 피드백 스프링이 움직이고 전기자

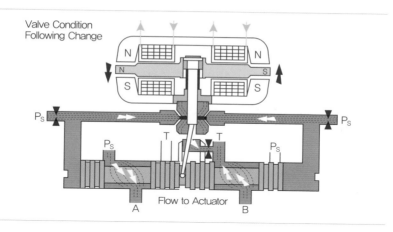

Valve Condition
Following Change

N N

N
S

S S

P_S → ← P_S

P_S T T P_S

A Flow to Actuator B

그림 51 노즐/플레퍼 방식 서보밸브

와 플레퍼(전기자와 제트 파이프)에 복원 토크가 발생한다.

복원 토크와 자기장의 토크가 같아지면 전기자와 플레퍼(전기자와 제트 파이프)는 중립점을 찾아가고, 스풀은 입력신호가 변동될 때까지 평형상태를 유지한다. 결론적으로 스풀의 개도는 입력전류에 비례하고 유체의 유량은 스풀 개도에 비례한다.

5. 터빈제어용 솔레노이드

작동유 압력이 저압인 경우에는 보통 제어루프가 이중으로 구성되어 있고 유량증폭용 보조밸브가 있다. 즉, 압력이 낮아서 서보밸브를 통과하는 유량이 작으므로 보조밸브를 이용하여 유량을 증폭하여 작동기로 보낸다.

이와 같은 시스템에서는 과속도시 보조밸브를 통과하는 유량이 충분히 크므로 솔레노이드가 없어도 서보밸브의 동작으로 증기 밸브를 신속하게 개폐할 수 있다. 작동유 압력이 112kg/cm^2 정도로 고압인 경우에는 보통 보조밸브가 없다. 이는 정상적인 운전상태에서 밸브를 제어하는 유량이 충분하기 때문이다.

그러나 부하차단 등으로 인하여 과속도가 발생한 경우에는 서보밸브의 제어동작 만으로 증기밸브의 신속한 폐쇄를 위한 작동유의 유량이 충분하지 않으므로 최고속도가 증가하게 된다. 따라서 별도로 설치된 솔레노이드를 동작시켜서 작동유를 신속하게 배출한다.

06

CHAPTER

우회계통과 터빈제어

우회계통과 터빈제어

1. 개 요

종래에 우리나라에 건설된 화력발전소는 아임계압, 중·소용량, 정압운전 방식의 드럼형 발전소가 주류를 이루었으나 근래에는 고효율의 500MW급 초임계압, 변압운전 방식으로 고압 및 저압 우회계통을 채용한 관류형 증기발생기를 채용한 발전소가 주류를 이루고 있다.

우리나라 기력발전소의 경우 보일러가 드럼형이면 보통 우회계통을 채용하지 않으나 채용한 발전소도 있다. 복합화력의 경우에는 증기조건이 아임계압이며 종래에는 드럼형 증기발생기에 우회계통을 채용하고 있으며 최근에는 OO 복합화력처럼 고압부는 관류형이고 중압부와 저압부는 드럼형인 증기발생기가 출현하였다.

원자력발전소의 경우는 증기조건이 아임계압이며 증기발생기는 드럼형이고 우회계통을 채용하고 있다. 터빈 기동방식에 있어서는 보통 저압증기 제어밸브를 100% 개방하고 고압터빈을 이용하여 승속을 수행하나 열응력 및 추력을 제어하기 위하여 기동시에 고압증기 제어밸브와 저압증기 제어밸브를 같이 사용하는 분할(Split)제어 방식도 있다.

우리나라 기력발전소의 경우는 우회계통의 유무에 따라 기동에 차이가 있으므로 국내 화력발전소의 주류를 이루고 있는 500MW 석탄화력발전소를 중심으로 양자를 비교하여 알아본다.

2. 일반적인 증기터빈

발전소는 연료의 화학적 에너지를 전기에너지로 변환시키는 에너지 변환장치(Conversion Mechanism)이며 보일러, 터빈 및 발전기로 구성된다. 터빈이란 증기, 가스와 같은 압축성 유체의 흐름을 이용하여 충동력 또는 반동력으로 회전력을 얻는 기계장치이다.

증기를 이용하는 경우를 증기터빈(Steam Turbine), 연소가스를 이용하면 가스터빈(Gas Turbine)이라 한다. 증기터빈은 증기의 열 에너지(Thermal Energy)를 기계적 에너지(회전력)로 변환시키고, 동일 축에 연결된 발전기는 터빈에서 변환된 기계적 에너지를 전기적 에너지로 변환시키는 기계장치이다.

〈그림 52〉와 같이 보일러는 물을 증기로 바꾸는 장치이며, 주전자 주둥이(노즐, Nozzle)로부터 분출하는 증기가 터빈과 발전기(Generator)를 구동한다.

기력발전소에서 증기발생기를 통하여 생산된 고온·고압의 증기를

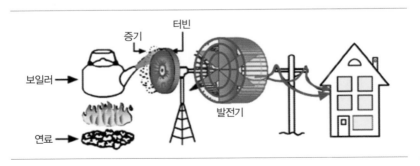

그림 52 전기의 발생과 전달 과정

이용하여 발전기를 구동하는 일반적인 증기터빈의 기기 배치를 〈그림 53〉에 나타내었다.

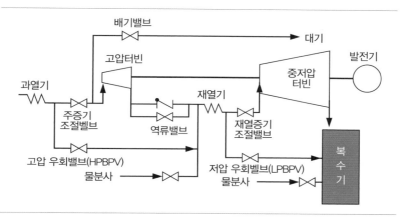

그림 53 발전전용 증기터빈 증기 흐름도

〈그림 53〉은 발전전용의 대용량 증기터빈의 구성도를 나타내고 있으며 중압터빈이 없는 경우(소용량 터빈과 원자력 터빈)도 있다. 일반적으로 정상 운전인 상태에서 증기흐름은 주증기 제어밸브를 통과하여 고압터빈에 유입되어 일을 하면 압력과 온도가 낮아진다. 이 증기는 재열기에 유입되어 열에너지를 흡수하여 온도가 주증기 수준으로 높아진다. 이 증기를 재열증기라 하며 재열증기 제어밸브를 경유하여 중압터빈에 유입된다.

근래에 많이 건설되는 대용량 화력터빈의 경우에는 주증기 차단밸브 2대, 주증기 제어밸브 4대, 재열증기 차단밸브 2대, 재열증기 제어밸브 2대로 구성되어 있다. 주증기 제어밸브를 제외한 밸브들은 보통 100% 용량을 구비하고 있어서 한 대를 닫더라도 발전 출력은 거의 감소되지 않고 연속운전을 수행할 수 있다.

고압터빈 우회밸브(HPBPV:High Pressure Bypass Valve)와 저압터빈 우회밸브(LPBPV:Low Pressure Bypass Valve)는 최근에 건설되는 관류형 보일러에서 기동 시간 단축 등의 목적으로 설치되는 증기 조절밸브이다.

3. 우회계통 없는 터빈제어

터빈 우회계통이 없는 발전소에서는 고압터빈을 통과한 주증기는 반드시 중저압 터빈으로 유입되어야 한다.

이를 위하여 주증기 제어밸브를 이용하여 승속 및 계통병입시 반드

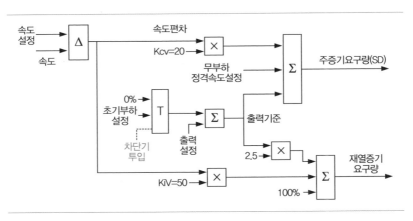

그림 54 터빈 제어(우회계통 없음)

시 재열증기 제어밸브를 열어서 증기유량을 충분히 확보해야 한다.

〈그림 54〉에서 이를 위해 속도편차에 이득 50(속도조정율 2%)를 고려하고 편향계수 100%를 합산한 후에 출력 요구량의 2.5배를 추가

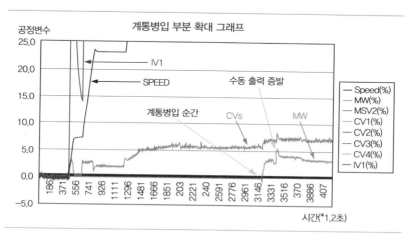

그림 55 터빈기동 그래프(우회계통 없음)

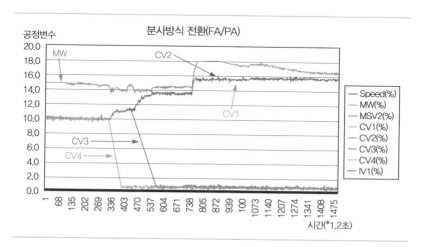

그림 56 터빈기동 그래프(우회계통 없음)

하여 저부하에서 재열증기 제어밸브(IV:Intercept Valve)를 100% 개
방한다.

4. 우회계통 있는 터빈제어

〈그림 53〉에서 발전소 기동시 터빈의 우회운전을 실시하면 재열증
기 관로에 증기가 흐르고 있다. 이 때, 주증기 제어밸브를 통하여 고
압터빈에 주증기를 유입시키면 유량의 형성이 불량하여 증기가 정체
될 가능성이 높아진다.

따라서 근래에 건설된 500MW 화력발전소의 경우 재열증기 제어
밸브를 이용하여 속도를 상승시킨다. 그러나 원자력 증기터빈 및 복
합화력 증기터빈은 우회계통이 있으나 주증기를 이용하여 기동한다.

정지한 터빈의 승속, 계통병입 및 저부하 운전은 재열증기 제어밸브

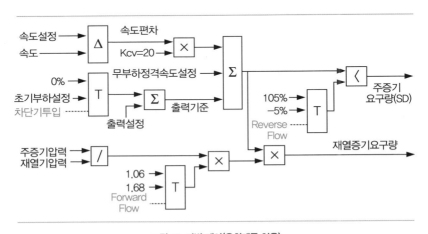

그림 57 터빈 제어(우회계통 있음)

를 이용한다. 따라서 기동시에 역방향 운전(Reverse Flow)이므로 주 증기 유량신호는 −5%로 되고 속도 제어 신호는 재열증기요구량으로 전달된다. 기동 및 계통병입후 출력이 증가하여 재열기 압력이 감소 하면 저압터빈 우회밸브가 닫힌다.

발전기 출력이 더욱 증가하면 주증기 제어밸브가 열려서 정방향 운 전(Forward Flow)으로 되고 주증기 압력 저하에 따라 고압터빈 우 회밸브가 닫힌다. 다만 정방향 운전을 위하여 CV가 열려도 재열기에 증기가 흐르고 있으므로 발전기 출력 증가는 신속하지 않다.

정방향 운전시 출력증발을 위해서는 보통 주증기 압력을 상승시키 는 변압운전을 채택한다. 이 경우 〈그림 58〉에 나타낸 바와 같이 출력 설정치(ULD:Unit Load Demand)에 따라 주증기 압력 설정치를 증 가시키고 동시에 보일러 마스터 신호를 증가시키므로 연료와 공기 및 급수가 증가하여 주증기 압력이 상승한다.

터빈 측에서는 출력요구량에 일정한 시간지연을 고려한 후 발전기 출력을 연산하여 출력제어를 시행하면 이상적인 경우에는 터빈 마스 터 신호의 변동이 없으므로 주증기 제어밸브 개도는 변동되지 않으며 발전기 출력은 주증기 압력에 정비례하여 증가한다.

즉, 압력 증가에 비례하여 발전기 출력이 증가하므로 변압운전으로 된다. 주증기 압력이 계속 상승하여 변압구간을 초과하여 정압구간 에 도달하면 주증기 제어밸브 개도를 증가시켜서 발전기 출력을 증발 한다.

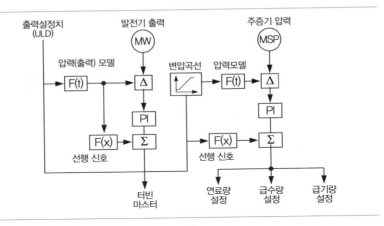

그림 58 주제어신호와 변압곡선

　그런데, 터빈 기동시 정격속도에 접근할수록 고압터빈 내부는 풍손에 의하여 과열되므로 역류밸브(RFV : Reverse Flow Valve)를 통하여 고압터빈을 우회한 증기를 고압터빈의 배기구로 유입시켜 냉각시킨 후 배기밸브(Ventilation Valve)를 통하여 대기 또는 복수기로 흐르게 한다. 이 경우, 역류밸브 또는 배기밸브의 고장을 대비하여 고압터빈 배기온도가 규정치를 초과할 경우 터빈을 비상 정지시킨다.

　우회계통이 없는 경우 터빈 기동시 재열증기 제어밸브는 100% 열려있고 증기흐름은 고압터빈 → 재열기 → 중압터빈 → 저압터빈 → 복수기의 순서로 형성된다. 따라서 재열기의 증기 압력은 고압터빈 증기유량에 정비례하며 매우 낮은 상태이다.

　그러나 우회계통을 채용하면 재열기의 증기유량은 우회밸브를 이용하여 형성되므로 고압터빈과는 거의 관계가 없다. 따라서 고압터빈 증기유량과 재열기 압력에 큰 편차가 발생하므로 고압터빈 배기구가 과열될 우려가 있다.

즉, 터빈을 가속하기 위한 증기유량은 우회하는 유량에 비하여 매우 작으므로 우회계통이 없는 경우의 동일 가속율에 비하여 재열기 압력이 매우 높게 되며 재열기 압력상승은 고압터빈 압력비(입구압력/출구압력)를 감소시키므로 고압터빈을 지난 증기의 팽창율이 감소하며, 각 단의 압력비가 점차적으로 감소하여 고압터빈 최종단의 압력비는

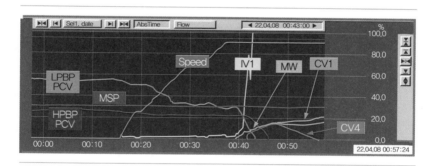

그림 59 터빈기동 그래프(우회계통 있음)

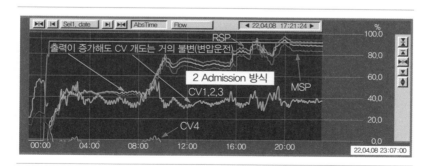

그림 60 출력증발 그래프(우회계통 있음)

최소로 되며 이 범위에서 증기는 거의 팽창하지 않고 회전풍손으로 나타난다.

따라서 고압터빈 배기구 온도가 상승한다. 이러한 문제점이 있으므로 터빈 기동시 고압터빈을 우회한 고온 재열증기를 이용하고 이 때, 고압터빈 출구의 온도상승을 방지하기 위한 냉각용 유량을 형성하기 위해 역류밸브를 설치 저온 재열증기를 고압터빈으로 역류시켜서 대기 또는 복수기로 배출한다.

5. 재열증기 제어밸브 제어

국내에서 운전 중인 보통의 재열 터빈에서 재열증기 제어밸브는 정상운전중 100% 열려 있고 터빈의 속도 상승시 주로 반응하며 담당하는 증기의 에너지가 주증기 제어밸브가 담당하는 양보다 훨씬 크므로 과속도시 재열증기 제어밸브의 동작은 특히 중요하다. 보통 70% 정도를 재열증기 제어밸브가 담당하는 것으로 알려져 있다.

또한, 재열증기 제어밸브 1개가 100% 용량으로서 보통 2개가 설치되어 있다. 또 재열증기 제어밸브의 속도조정율을 보통 2%정도로 설정하여 속도상승에 대단히 민감하게 반응하도록 하고 있다.

〈그림 53〉에서 정상 운전시는 증기는 주증기 제어밸브→고압터빈→재열기→재열증기 제어밸브→중압터빈→복수기의 순으로 흐르나, 관류형 보일러의 기동시 등의 과도상태에서는 증기흐름이 고압터빈 우회밸브→재열기→저압터빈 우회밸브→복수기의 순서로 된다.

가. 우회계통 없는 IV 제어

재열증기 제어밸브는 터빈 우회계통의 채용 여부에 따라서 제어 회로가 변경된다. 우회계통이 채용되지 않은 발전소, 즉 보통의 드럼형 발전소에서는 출력 기준신호에 2.5(CV 조정율 ÷ IV 조정율)배를 곱하여 100%의 바이어스를 합한 후 속도조정율 2%가 고려된 속도편차를 합하여 재열증기 제어밸브 증기요구량을 산출한다.

100%의 바이어스는 정상 운전시 과도한 속도편차가 없으면 재열증기 제어밸브를 항상 열려 있게 하여 주증기 제어밸브를 통과한 증기가 간섭 없이 전량 복수기로 배출되도록 한다.(이것은 IEEE Standard −1990 에 따른 전형적인 회로이며 제작사 및 발전방식에 따라 상이하다.)

또, 출력 기준신호를 고려하여 계통병입 후에 출력이 증가하면 소량의 속도상승에는 재열증기 제어밸브가 반응하지 않고 터빈제어의 주도권을 주증기 제어밸브에게 완전히 이양한다. 즉, 속도제어에 있어서 상호 간섭이 없으며 과속도를 제한하는 장치가 별도로 없는 경우 재열증기 제어밸브 증기요구량을 IVR(Intercept Valve Reference, %)이라 하고 부하기준치(Load Reference)와 속도편차(ΔF)의 관계를 식으로 나타내면 다음과 같다. 단 발전소가 정격 조건인 경우에 터빈 출력 기준치가 100%가 되도록 스케일이 조정되어야 한다.

$$IVR = \left[2.5 \times \text{Load Reference} + \frac{\Delta F}{2\%} + 100\% \right]$$

① 정격출력 운전시 부하기준값(Load Reference)을 100%라 가정
  하면

$$IVR = \left[250\% + \frac{\Delta F}{2\%} + 100\% \right]$$

으로 되므로 속도가 5% 상승하면 주증기 제어밸브는 5% 조정율이므로
완전히 닫힌 상태이고 재열증기 제어밸브는 2% 조정율로 닫히기 시작하
므로 107% 속도에서 완전히 닫힌다.

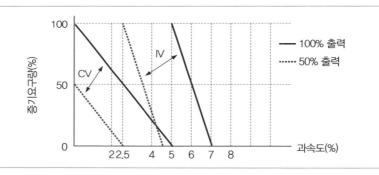

그림 61 병렬운전 중 속도상승과 CV 및 IV

② 50% 출력 운전시 부하기준값(Load Reference)을 50%라 가정
  하면

$$IVR = \left[125\% + \frac{\Delta F}{2\%} + 100\% \right]$$

으로 되므로 속도가 2.5% 상승하면 주증기 제어밸브는 5% 조정율
이므로 완전히 닫힌 상태이고 재열증기 제어밸브는 2% 조정율로 닫

히기 시작하므로 104.5% 속도에서 완전히 닫힌다.

또, 발전기가 전력계통에서 분리되어 속도가 상승했다면 부하기준값
이 무부하 정격속도 유량(약 10%)으로 재설정되므로 다음과 같이 된다.

$$IVR = [25\% + \frac{\Delta F}{2\%} + 100\%]$$

따라서, 터빈 감속에 따라 재열증기 제어밸브는 약 102.5% 속도에
서 열리기 시작하여 약 100.5% 속도에서 완전히 열린다.

나. 우회계통 있는 IV 제어

우회계통이 채용된 발전소, 즉 근래의 관류형 발전소는 부하기준
값에 주증기 제어밸브 속도조정율 5%가 고려된 속도편차를 합한 후,
주증기 및 재열증기 압력을 고려하고 최종적으로 정방향 운전(FF:
Forward Flow)과 역방향 운전(RF:Reverse Flow, 고압터빈에는 증
기흐름이 없는 운전으로 기동시 주로 사용됨)에 따라 변경되는 제어
상수 α를 고려하여 재열증기 제어밸브 증기요구량을 산출한다. 주증
기 제어밸브 증기요구량을 CVR이라 하고 이를 식으로 나타내면 다
음과 같다.

$$IVR = CVR \times \frac{주증기\ 압력}{재열증기\ 압력} \times \alpha$$

$$= [Load\ Reference + \frac{\Delta F}{5\%}] \times \frac{주증기\ 압력}{재열증기\ 압력} \times \alpha$$

터빈을 역방향 운전으로 기동하여 계통병입후 정방향 운전으로 전환하면 α가 좀 더 크게 변경된다. 따라서 재열증기 제어밸브 증기요구량이 빠르게 증가하여 발전기의 전동기화를 방지하고 동시에 정방향 운전으로 전환하여 주증기의 흐름을 신속히 형성시 킨다.

따라서 고압터빈의 공회전에 의한 출구 온도상승을 억제할 수 있다. 또, 정방향 운전이 시작되면 고압터빈을 통과하는 주증기유량이 증가하여 추력과 더불어 재열증기 압력이 증가하므로 중압터빈을 통과하는 증기유량을 신속히 증가시켜서 반대방향으로 작용하는 대항 추력을 만들어 낸다.

또, 고부하시에는 부하기준값이 큰 값이므로 재열증기 제어밸브가 속도상승에 반응할 가능성이 작아진다. 그런데 변압운전의 경우 실제적으로 출력이 30% 이상이면 부하기준값은 100%에 근접해 있고 정방향운전이며 백분율로 표시한 주증기 압력과 재열증기 압력은 동일한 값이므로,

$$\text{IVR} \fallingdotseq \left[100\% + \frac{\Delta \text{F}}{5\%} \right] \times 1 \times 1.68$$

$$= 168\% + 33.6 \Delta \text{F}$$

로 된다. 따라서 2% 속도 상승시 약 3%의 조정율로 닫히기 시작하여 약 5% 속도상승 즉, 약 105% 속도에서 완전히 닫힌다.

또, 발전기가 전력계통에서 분리되어 속도가 상승했다면 부하기준값이 무부하 정격속도 유량(약 15%)으로 재설정되므로 다음과 같이

된다.

$$IVR \coloneqq \left[16\% + \frac{1.06\Delta F}{5\%} \right] \frac{주증기 \ 압력}{재열증기 \ 압력}$$

따라서, 주증기 압력은 고압터빈 우회밸브에 의하여 30%로 유지되고 재열증기 압력은 저압터빈 우회밸브에 의하여 30%로 유지된다면 다음과 같이 된다.

$$IVR \coloneqq 16\% + 21\Delta F$$

따라서, 고압터빈 감속에 따라 재열증기 제어밸브는 약 100.75% 속도에서 열리기 시작하여 약 96.04% 속도에서는 완전히 열린다. 즉, IV의 조정율은 약 4.71% 이다.

다. 증기터빈의 수학 모델

〈그림 62〉는 〈그림 53〉에 나타낸 발전전용으로 고압터빈, 중압터빈 및 저압터빈으로 구성된 증기터빈의 수학적 모델로서 정상 운전 상태에서 제어모델과 공정모델을 나타내고 있다. 이와 관련된 제어 파라미터 값은 보통 $K_G = 20$ 및 $IVOB = 1.0$이다.

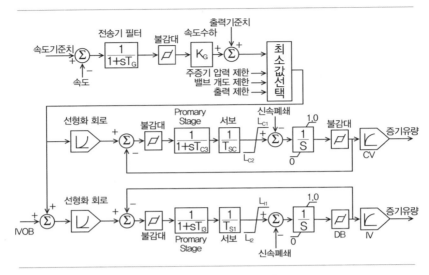

그림 62 증기터빈 조속기 모델

07

CHAPTER

증기터빈 과속도 보호

증기터빈 과속도 보호

1. 개 요

발전소의 증기터빈은 증기에너지를 이용하여 발전기를 구동하여 정격속도에 도달시킨 후, 발전기가 전력계통에 병입되면 유입 증기량을 가감하여 발전기 출력을 조절한다. 그런데 전력계통 또는 발전기 고장으로 전기 부하가 탈락되어도 터빈에 유입하는 증기의 에너지는 신속히 감소할 수 없다.

따라서 피동체인 발전기의 전기부하보다 구동체인 터빈의 기계입력이 과도하게 큰 상황이 발생되어 터빈·발전기의 속도가 필연적으로 상승하여 위험한 상황에 처하게 된다. 이 때, 터빈 제어기의 주된 임무는 "과속도 상태에 있는 터빈·발전기의 속도를 줄여서 위험 상황을 어떻게 회피할 것인가"이며, 이를 위하여 여러 가지 방법이 사용되고 있다.

2. 회전체의 운동방정식

다음의 〈그림 63〉은 내부전압이 E, 관성정수 M, 임피던스 Z를 통하여 전압 V인 무한대 모선에 접속되어, 일정한 각속도 ω로 전력계통에 병렬운전중인 발전기와 이를 구동하는 터빈을 나타낸 것이다.

P_m을 기계입력, P_e을 전기출력, P_{loss}을 손실, $\theta=\omega t$를 회전체 각변

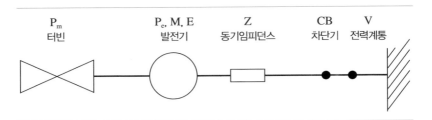

그림 63 터빈–발전기–전력계통도

위, ω를 회전체 각속도, T를 회전력(토크), I를 관성모멘트라 하면, 동기발전기 회전자의 기계적 각속도는 원동기, 즉 터빈의 회전력과 발전기 회전자에 작용하는 전기적 제동력의 차에 비례하고, 회전자의 기계적 관성에 반비례하므로 회전체의 운동방정식은 다음의 식과 같이 표현할 수 있다. 즉,

$$\frac{d^2\theta}{dt^2} = \frac{d\omega}{dt} = \frac{\Delta T}{I} = \frac{\Delta T \omega \omega}{I\omega^2} = \frac{\omega}{M}\Delta P$$

$$\frac{d\omega}{dt} = \frac{\omega}{M}(P_m - P_e)$$

따라서, 손실을 고려하면

$$\therefore \frac{d\omega}{dt} = \frac{\omega}{M}(P_m - P_e - P_{loss})$$

이것은 전력계통에 병렬운전중인 발전기가 우변과 같은 입출력의 차가 생겼을 경우, 회전자는 좌변과 같은 속도 변화를 받는다는 것을 나타낸다.

전기출력은 동기발전기의 출력으로서 δ를 출력각, θ를 역률각, I_a

를 발전기 단자전류라 하면 다음의 식으로 표시된다.

$$P_e = \frac{E \cdot V}{X} \sin\delta = VI_a\cos\theta$$

이것은 발전기의 유기기전력과 단자전압 사이에 위상차와 임피던스를 고려하면 전기출력을 구할 수 있다는 것을 보여주고 있다. 또, 회전 체의 에너지 손실은 다음과 같이 회전수의 함수로 표현할 수 있으며 마찰손, 풍손 등이 발생한다.

$$P_{loss} = K_0 + K_1\omega + K_2\omega^2$$

3. 구동력과 제동력

정상 운전시 터빈은 증기의 유량에 직접 비례하는 기계적 회전력을 발생하게 되며, 터빈과 발전기에서 발생되는 풍손 및 마찰손 등의 손실을 무시하면 이 구동력과 같은 크기의 제동력이 발전기에서 발생된다(작용과 반작용). 따라서, 터빈·발전기는 일정속도로 운전된다. 제동력은 회전자 전류(I_f)에 의한 계자자속과 고정자 부하전류(Ia)에 의한 전기자 자속간의 인력으로서 다음과 같이 표시된다.

$$F = K \times I_a \times I_f$$

계통병입 이전 승속 중에는 터빈 증기유량이 손실보다 크고, 일정속도에서 터빈의 구동력은 손실과 일치하며 관성으로 회전하고 있다. 계통병입, 즉 차단기 투입 이후, 속도가 일정하다면 터빈의 구동력은 발전기 제동력과 무부하 손실의 합과 같다. 그런데 이 때, 부하가 탈락하면 전기자 전류(I_a)가 0으로 되므로 제동력이 사라져서 터빈은 과속도로 되는 것이다.

4. 차단기 개방시 터빈속도

부하가 탈락되어 전기출력 Pe가 0으로 되었을 때, 기계입력 Pm 도동시에 0으로 되는 이상적인 경우에는 속도의 변화는 없다. 그러나, 증기 차단밸브가 동작하여 유입증기를 차단해도 이미 유입된 증기의팽창에 의하여 속도가 상승하며 차단부하에 따라 다르나 증기터빈의경우 보통 정격속도의 110%이하로 제어되어야 하며, 수력터빈은 작동유체인 물이 비압축성이어서 수량조절밸브를 신속히 폐쇄할 수 없으므로 150% 내외이다.

회전체의 운동방정식을 다시 쓰고, 부하차단 직전 속도를 ω_0라 하면

$$I\omega d\omega = \Delta Pdt \Leftrightarrow \omega^2 = \frac{2\Delta P}{I}t + \omega_0^{\ 2}$$

$$\therefore \omega = \sqrt{\frac{2\Delta P}{I}t + \omega_0^{\ 2}}$$

t=0일 때, 발전기 차단기가 개방된다고 가정하고 이 방정식이 내포하고 있는 의미를 터빈·발전기의 속도 입장에서 설명하면 다음과 같다.

① t=0⁻일 때

입력과 출력, 즉 기계계와 전기계가 평형을 이루어 운전되고 있

으로 $P_m - P_e - P_{loss} = 0$이다. 따라서

$$\omega = \omega_0$$

② $t = 0^+$일 때

차단기가 개방되어 $P_e = 0$으로 되면 조속기의 동작으로 증기를 차단하여도 이미 유입된 증기가 팽창하여 속도가 상승한다. 팽창에 의한 입력과 회전력에 의한 손실이 일치할 때까지 상승한다.(P_{loss}는 속도 증가에 따라 커진다)

$$\omega = \sqrt{\frac{2\Delta P}{I}t + \omega_0{}^2}$$

③ $t = t_1$일 때

t_1의 시간이 지난 후, 팽창에 의한 입력과 회전에 의한 손실이 일치하면 가속을 멈춘다. $P_m = P_{loss}$인 이 지점에서 최고속도에 도달하므로 기계적 손실은 최대로 된다. 최고 도달 속도를 ω_p라 하면,

$$\omega = \omega_P$$

이 후 터빈은 감속하고 증기가 더욱 팽창하여 에너지가 완전히 소진되면 $P_m = 0$으로 되고, P_{loss}만 있으므로(P_{loss}도 속도가 감소하면 작아진다)

$$\omega = \omega_P \varepsilon^{-\alpha t}$$

으로 된다. 위의 여러 가지 식을 설명하면,

- 부하가 차단된 순간 $P_e=0$이고, P_m과 P_{loss}만 남으므로 터빈속도는 급격히 증가한다. 부하탈락 직후에는 불평형이 최대이므로 가속도가 대단히 빠르다. 조속기의 작용으로 증기는 차단되어 속도상승에 따라 P_m은 감소하고 P_{loss}는 증가하므로 가속율은 시간이 흐를수록 완만하다.
- 증기밸브가 닫히고 잔류증기의 팽창이 완료되면, $P_m=P_e=0$이고, P_{loss}만 있으므로 터빈속도는 마찰에 의하여 지수함수적으로 감소한다. 이 때, 소내부하가 있거나 복수기 진공이 파괴되면 더욱더 빨리 감소한다.
- 이 후, 제어기(조속기)의 동작으로 정정속도에 도달한다.

5. 증기터빈 과속도 보호

터빈의 보호장치 중 가장 중요한 것은 기계입력과 전기출력의 불평형에서 기인하는 과속도에 대한 보호로서 제어기 알고리즘도 과속도 회피를 위해 다양한 장치가 마련되어 있다. 현재 국내에서 운용하고 있는 과속도 제어장치는 여러 가지 이름으로 불리고 있으나 기본 개념은 대동소이하다.

회전체의 운동역학에 의하면 구동력과 제동력 간의 불균형이 발생하면 가속도의 법칙에 의하여 속도변동이 발생함을 알 수 있다. 과속도 보호장치를 크게 보면 피드백 제어와 선행제어로 대별할 수 있다. 피드백 제어는 어느 설정값 이상으로 터빈 속도가 증가한 경우 유입

증기를 차단하는 방식과 가속율이 설정값 이상으로 상승한 경우에 유입증기를 차단하는 방식의 두 가지 형식으로 정리된다.

그리고 선행제어는 발전기 전류 또는 유효출력의 감소를 검출하여 속도가 상승할 것을 예측하고 실제적인 속도상승 이전에 유입증기를 차단하는 방식으로서 각각 장단점을 가지고 있다.

가. 피드백 제어

피드백 제어의 경우 터빈·발전기의 속도가 실제적으로 정격속도 이상으로 상승한 경우 이를 검출하여 유입 에너지를 차단하는 방식으로서 재열증기 제어밸브 트리거(IVT:Intercept Valve Trigger), 과속도 보호 제어(OPC:Overspeed Protection Control), 가속도 릴레이(AR:Acceleration Relay) 등이 있으며 공통점은 정상적인 제어루프를 이용하여 과속도 상황을 검출하나 유입증기를 차단하는 동작은 정상적인 서보제어를 배제하고 솔레노이드를 통하여 증기밸브를 신속히 폐쇄하는 방식이다.

〈그림 64〉에서 재열기 압력이 일정값 이상인 상태에서 운전중 과속도가 발생하면 터빈이 가속될 우려가 있으므로, 이를 방지하기 위하여 재열증기 제어밸브 개도요구량은 컴퓨터의 계산에 의한 전기신호로서 100%로 부터 빠르게 감소하지만 실제 개도의 변화는 이를 추종하지 못한다.

따라서 IV 개도 − IV 개도 요구량 〉 10% 인 경우가 발생하면, IV

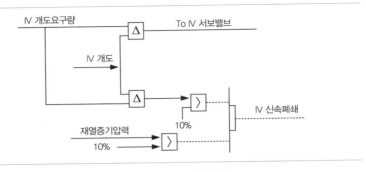

그림 64 IVT 회로(GE 대용량 터빈)

를 신속히 동작시켜서 첨두 속도를 감소시키고 IV를 서보밸브에 의한 정상 제어 가능 상태로 복귀시킨다.

나. 선행제어

선행제어의 경우 증기에 의해 터빈에 유입되는 기계적 입력을 검출하고 전력계통에 송전되는 발전기 출력을 검출하여 그 편차가 일정치 이상으로 증가하면 과속 상황을 예측하고 증기를 차단한다. 보통 기계전기 불평형(PLU:Power Load Unbalance), 밸브 조기동작(EVA:Early Valve Actuation), 출력 급감발 예측(LDA:Load Drop Anticipator), 신속밸브 동작(FV:Fast Valving) 등이 있다.

증기의 유입에 의한 기계계의 에너지는 재열증기 압력 또는 중압터빈 압력을 이용하여 검출하고 전기계의 부하는 발전기 전류 또는 유효출력을 이용하여 검출한다. 발전기 전류를 이용하는 경우는 송전선 지락과 같이 전류는 증가하고 유효출력은 감소하는 경우와 부하탈락으로 발전기 전류와 유효출력이 동시에 감소하는 경우를 구별할 수 있기 때문이다.

다. 기계-전기 불평형

현재 500MW급의 대용량 화력발전소와 1000MW 원자력발전소에서 운전되고 있는 과속도 제어 기능인 기계-전기 불평형(PLU:Power Load Unbalance)은 일정 출력 이상에서 정상 운전 중 발전기가 전기적 부하를 급격히 상실하는 경우, 터빈이 과속도로 될 가능성을 발전기 전류신호의 감소로 판단한다. 불평형 기준값과 변화율 기준값은 사용자가 편리하게 조정할 수 있다.

PLU조건이 감지되면, 주증기 제어밸브와 재열증기 제어밸브를 신속히 닫을 뿐만 아니라 부하기준값은 무부하 위치까지 감소(런백)된다. 일정 출력 이상에서 정상 운전 중 전력계통 등의 고장으로 발전기가 전기적 부하를 상실하는 경우, 터빈의 속도가 실제적으로 증가하기 전에 주증기 제어밸브와 재열증기 제어밸브를 신속하게 폐쇄하므로 선행 비상장치에 해당된다.

① 검출 및 동작

기계적 입력에너지는 70%의 부하를 담당하고 외란에 강한 재열증기의 압력으로 대표되고 발전기의 전기적 부하 변화는 계기용 변류기의 전류 신호로 측정되어 부하탈락의 여부를 판단하므로 지락 또는 단락과 같이 전류는 증가하고 유효전력은 감소하는 송전선 고장과는 구별된다.

터빈의 기계입력과 발전기 전기 부하의 불평형이 정격 출력의 40% 이상으로 되고 발전기의 부하가 100%/35msec보다 빠르게 상실될 때 동작한다. 따라서 직격뢰의 침입 및 재폐로 계전기의 동작과 같이 송전선로의 과도상태로 인하여 전력계통의 조류가 순간적으로 헌팅하는 경우에도 상기의 조건이 만족되면 동작한다.

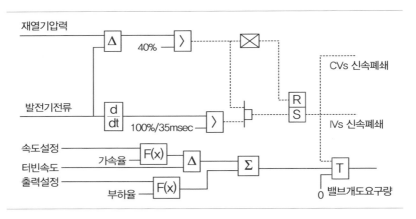

그림 65 PLU 검출 및 제어회로

② 동작시간 지연

PLU의 동작을 둔감하게 하기 위하여 시간지연을 설정할 수도 있는데, 이 경우 터빈의 재열증기 제어밸브와 주증기 제어밸브가 설정된 시간지연 만큼 늦게 닫히므로 속도상승이 증가하게 되고 심하면 과속도에 의하여 비상정지될 우려가 있으므로 신중해야 한다.

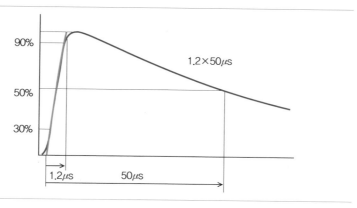

그림 66 뇌전압의 표준 파형

그러나, 〈그림 66〉과 같이 발생·소멸이 μsec의 속도로 나타나는 직격뢰가 송전선로에 내습하는 경우에 대해서는 고속기록장치(SOE: Sequence Of Event)의 실행주기를 1msec라고 가정하더라도 미시적으로는 상당히 장시간이기 때문에 PLU의 발생을 감지하지 못한다.

이런 경우에는 PLU가 동작할 필요가 전혀 없으므로 약간의 시간지연을 설정하여 재열증기 제어밸브와 주증기 제어밸브의 순간적 폐쇄로 인한 발전소의 불안정 운전을 방지할 필요가 있다. 그러나, 이 경우 과속도가 증가하여 비상정지될 가능성이 증가하므로 주의해야 한다.

③ 설정값

불평형율은 재열증기 압력과 발전기 전류의 차를 말하며, 제작사에서 제시하는 불평형은 40%를 표준으로 하고 있다.

표 2 기계-전기 불평형 설정치

발전소명	설비용량 (MW)	제어설비	불평형 (%)	시간지연 (ms)	전류변화율 (ms/100%)
○○1,2	800×2	Mark-VI	40	8	35
○○1,2	560×2	Ovation	40	0	35
○○○3,4	560×2	Ovation	50	0	35
○○○5,6	500×2	Mark-V	40	8	35
○○3~6	500×4	DCM	50	30	35
○○7,8	500×2	Mark-VI	40	8	35
○○1~4	500×4	Mark-V	40	8	35
○○5,6	500×2	WDPF-IV	발전기 차단기 동작시 PLU 동작		
○○7,8	500×2	Mark-VI	40	8	37.5
○○1~6	500×6	Mark-V	40	8	35
○○7,8	500×2	Mark-VI	40	8	35
○○1~4	500×4	Mark-V	40	8	35
○○5~8	500×4	Mark-VI	40	??	35
○○3,4	2,000	Mark-V	40	135	35
○○2,3,4	2,100	Mark-V	40	135	35
○○5,6	2,000	Mark-V	40	135	35

전류변화율은 100% 출력에 해당되는 전류가 0으로 감소하는데 걸리는 시간으로서 고속(50msec), 중속(35msec), 저속(20msec)의 3종류가 있으나, 이중 중속을 표준으로 하고 있다.

또한, 시간지연은 PLU 조건이 발생된 후, 밸브 폐쇄신호를 현장으로 송출하는데 걸리는 지연시간으로서 제작사에서는 시간지연 없음을 표준으로 하고 있다.

④ 리 셋

PLU가 동작 후 리셋되기 위해서는 재열증기 압력이 감소하거나 발전기 전류가 증가하여 기계적 에너지와 전기적 부하의 불평형이 40% 이내로 복귀되어야 한다. 기계적 입력으로는 재열증기의 압력신호를 사용하고 재열증기 제어밸브와 주증기 제어밸브가 닫힘과 동시에 증기발생기의 재열기에는 잔류증기가 존재하므로, 차단기가 개방된 경우 불평형 신호가 제거되기 위해서는 재열증기 제어밸브가 열려서 재열증기 압력이 감소되어야 한다.

라. 정지예감기

단위 관성정수가 작아서 주증기 제어밸브와 재열증기 제어밸브가 정상 동작에 실패하여 과속도로 트립될 경우, 속도가 120%를 초과할 우려가 있는 터빈에 장착되는 기능이다. 터빈 속도가 〈그림 67〉의 트

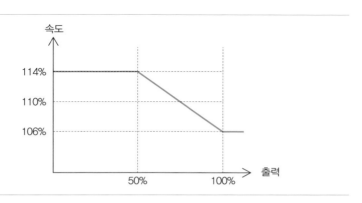

그림 67 TA 트립 설정치

립 설정치를 초과하면 보통은 PLU가 이미 동작되어 주증기 제어밸브와 재열증기 제어밸브는 닫혀있는 상태이다.

이 때 정지예감기(TA:Trip Anticipator)가 동작되면 전기식 트립 솔레노이드 밸브(ETSV:Eletrical Trip Solenoid Valve)를 동작(소자)시켜서 트립오일이 차단되어 주증기 및 재열증기 제어밸브와 주증기 및 재열증기 차단밸브가 잠시 닫힌다.

기계식 트립 솔레노이드 밸브(MTSV:Mechanical Trip Solenoid Valve)는 부동작(소자) 상태이므로 트립을 위한 트립은 아니다. 이후 터빈이 최고속도에 도달하여 TA의 과속도 트립 설정값(전부하차단의 경우 106%)까지 감소하면 TA는 리셋되고 계속해서 속도 감소에 따라 주증기 및 재열증기 차단밸브가 열리며, 이후에는 속도 제어를 수행한다.

트립 설정값은 부하 증가, 즉 부하기준값의 증가에 따라 직선적으로 감소하여 부하가 클수록 전기식 트립 솔레노이드 밸브를 빨리 동작시킨다. 증기 차단밸브가 실제로 닫힌 후 열리므로, 잠정적으로는 터빈이 트립되지만 래치되지 않으므로 영구적인 실제 트립과는 다르다.

6. 부하상실시 운전

부하 상실시의 부하에 따라서 터빈은 특정 최대 속도까지 가속되다가 다시 감속된다. 중압 터빈과 저압 터빈으로 유입된 증기는 복수기 또는 대기로 배출되며, 고압터빈으로 유입된 증기는 대기로 배출된다.

가. 10% 이하 부하탈락

발전기 부하 10% 이하 탈락시에는 정상적인 속도제어 방식으로 과속도를 방지할 수 있다. 따라서, 통상적인 속도조정율을 적용하고 주증기 제어밸브를 통하여 제어한다. 탈락된 부하가 클수록 최고속도는 커지며 아날로그 제어방식에서는 차단기 접점을 이용한 무부하 정격속도 재설정 기능이 없으므로 상실부하가 크면 정정속도가 그 만큼 커진다.

나. 40% 이하 부하탈락

발전기 부하 40% 이하 탈락시에는 IVT 기능으로 과속도를 방지할 수 있다. 서보밸브에 의한 통상적인 방법으로는 재열증기 제어밸브의 실제개도가 기준값 감소를 추종할 수 없으므로 솔레노이드를 동작시켜서 신속히 닫는다. 따라서, 20% 부하가 탈락되어도 10% 부하탈락시보다 최고속도는 작다.

속도상승이 주증기 제어밸브의 한계를 초과하면 재열증기 제어밸브가 닫히기 시작한다. 탈락된 부하가 클수록 최고속도는 커지며 아날로그 제어방식에서는 차단기 접점을 이용한 무부하 정격속도 재설정 기능이 없으므로 상실부하가 크면 정정속도가 그 만큼 커진다.

다. 40% 이상 부하탈락

터빈 발전기가 최대 부하운전 중 갑자기 부하가 상실되면 PLU 기능으로 과속도를 방지할 수 있다. PLU가 동작하면 주증기 제어밸브와 재열증기 제어밸브를 솔레노이드에 의하여 신속히 폐쇄하므로 45% 부하탈락이어도 30% 부하탈락보다 최고속도는 작다. 전 부하 탈락 시에는 다음과 같은 현상이 일어난다.

① PLU가 동작하여 부하 기준값(Load Reference)을 무부하 정격 속도로 설정하고, 부하 목표값(출력설정치)도 무부하 상태로 돌린다.

② 터빈은 최대율로 가속된다.

③ 주증기 제어밸브와 재열증기 제어밸브는 고속동작 솔레노이드 밸브(Fast-Acting Solenoid Valve)에 의해 최대율로 닫힌다. PLU가 동작하면 약 1초 후 재열증기 제어밸브는 속도감소에 대비하여 열릴 준비가 되고 주증기 제어밸브는 재열증기 압력이

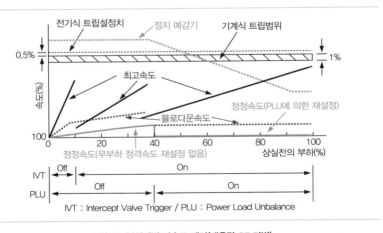

그림 68 부하대별 과속도 제어(대용량 GE 터빈)

40%이하로 될 때까지 래치된다.

④ 밸브와 터빈, 터빈 케이싱, 크로스오버 및 추기 배관 사이의 잔
  류 증기는 약 1.5초 내에 팽창된다.

⑤ 잔류증기의 팽창이 완료되면 터빈속도는 과속도 트립설정치 이
  하 0.5~1%까지 상승한 후 감속한다. 이 때, 감속율은 무부하 손
  실 및 소내부하에 의하여 결정된다.

⑥ 속도 상승 후 감속하여 102%에 도달하면 재열증기 제어밸브가
  열려서 속도를 제어하고 재열증기의 에너지는 손실과 로타 속도
  및 소내부하를 공급한다.

⑦ 이에 따라 재열증기 압력이 40%이하로 감소하면 불평형 신호가
  제거되어 주증기 제어밸브도 속도제어 대기상태로 된다.

⑧ 재열증기가 부족하여 속도가 더욱 감소하면 주증기 조절밸브도 열
  려서 속도를 제어한다. 우회계통이 있는 경우에는 재열증기 제어
  를 저압터빈 우회밸브가 수행하므로 PLU 가 리셋되기 위해서는
  저압터빈 우회밸브의 압력 설정치가 40% 이내로 되어야 한다.

⑨ 부하기준값이 무부하 정격속도로 재설정 되었으므로, 재열기 압
  력이 낮아진 후 터빈은 정격속도보다 약간 높은 속도를 유지하여
  계통에 다시 병입할 수 있는 상태로 된다.

7. 기계식과 디지털 전기식의 정정속도 비교

근래에는 계통병입 이전에 비례적분 제어가 채용되어 잔류편차가

없는 경우도 있으나, 증기터빈 조속 장치는 보통 비례제어기로서 발전기 부하차단시 기계식 조속기의 부하설정값이 변경되지 않는다. 따라서 기계식 조속기의 경우는 부하대별 출력요구량이 부하운전과 부하차단시 변동하지 않고 동일하므로 부하차단시 정정속도는 부하대별로 다르게 나타난다.

그러나, 근래의 디지털 제어시스템에서는 부하차단시 부하요구량(Load Reference)을 무부하 정격속도 요구량(NLF, 예 15%) 또는 아주 작은 값(예:5%)으로 자동으로 재설정하므로 부하대별 정정속도가 100% 근처에 머무른다. 기력터빈의 일반적 증기요구량(%)은 다음과 같이 표시된다.

$$CVR = 20(속도설정치 - 실제속도) + Load\ Refernce + NLF$$

여기서, 부하요구량을 속도설정값으로 환산하면

$$CVR = 20(속도설정치 + \frac{Load\ Reference}{20} - 실제속도) + NLF$$

따라서 정격 운전시에는 다음과 같다.

$$CVR = 20(105 - 실제속도) + NLF$$

따라서 정정속도를 비교하면 〈표 3〉과 같다. 〈표 3〉에서 현대의 디지털 전기식 조속기에서는 차단부하에 관계없이 정정속도는 거의 일정함을 알 수 있다. 또, 소내부하를 공급하는 경우에는 이에 상응하는 에너지가 터빈의 부하로 작용하므로 정정속도는 그 만큼 감소한다.

표 3 기계식 조속기와 전기식 조속기의 정정속도 비교

차단부하	기계식 조속기	디지털 조속기	
		15%로 재설정	5%로 재설정
100%	20(105%—실제속도)	20(100.75%—실제속도)	20(100.25—실제속도)
75%	20(103.75%—실제속도)	20(100.75%—실제속도)	20(100.25—실제속도)
50%	20(102.5%—실제속도)	20(100.75%—실제속도)	20(100.25—실제속도)
25%	20(101.25%—실제속도)	20(100.75%—실제속도)	20(100.25—실제속도)

8. 병렬운전 상태에서 과속도 비상정지 고찰

〈그림 69〉와 같이 환상으로 이루어진 송전계통의 어느 한 지점에서 고장이 발생하면 계통의 임피던스가 증가하므로 다음의 식에 의하여 발전기 출력이 감소하고 발전기 출력곡선은 〈그림 70〉에 나타낸 바와 같이 하부로 이동한다.

$$P = \frac{E \cdot V}{X} \sin\delta$$

E : 유기기전력, X : 동기리액턴스, δ : 부하각, V : 단자전압

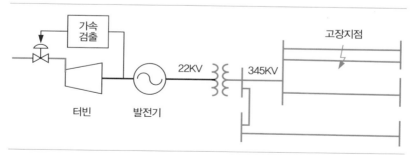

그림 69 환상모선과 단선고장

121

발전기가 계통에 병렬운전 중인 상태에서 터빈의 유입 증기는 변동
이 없고 발전기 출력은 감소한 상태이므로 순간적으로 에너지 불균형
이 발생하여 터빈과 발전기의 순간속도가 증가한다. 즉, 잉여 에너지
에 의하여 회전자가 가속한다. 그러나 여전히 계통에 구속되어 있으
므로 잉여 에너지가 과대하지 않으면 부하각은 90°를 초과하지 않으
므로 탈조에 이르지 않는다.

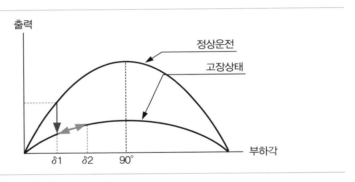

그림 70 발전기 출력 곡선

따라서 발전기의 부하각이 증가하여 출력이 증가한다. 〈그림 70〉에
서 부하각은 δ_1에서 δ_2로 증감함에 따라 회전자가 가속과 감속을 반
복한 후 터빈 출력과 발전기 출력이 동일한 어느 지점에서 안정을 찾
고 연속운전을 하게 된다. 〈그림 71〉은 전력계통이 동요한 경우 발
전기의 상대 부하각의 변동을 엔지니어용 전력계통 모의 프로그램
(PSS/E:Power System Simulator for Engineer)으로 해석한 그래프
이다.

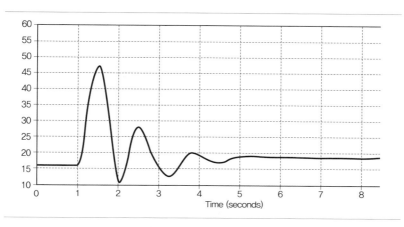

그림 71 과도상태 부하각 변동 파형

그런데, 터빈의 속도 또는 가속율을 검출하여 터빈을 보호하는 제어 시스템에서는 계통 충격에 의한 터빈 순간속도 변동을 『급가속』 또는 『과속도』로 인식하는 경우가 발생할 수 있다.

『급가속』으로 인식하는 제어시스템에서는 그 후의 제어는 부하탈락 상태와 동일하게 진행되므로 증기밸브를 급폐쇄하여 증기발생기에 큰 외란으로 작용한다.

또, 『과속도』로 인식하는 제어시스템에서는 과속도 비상정지 신호 를 발생하므로 불필요한 트립을 유발한다. 따라서 이러한 시스템에서

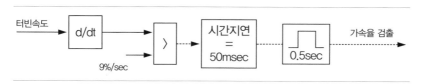

그림 72 가속율 검출 예

는 〈그림 72〉와 같이 반드시 시간지연을 설정하여 오동작을 방지해야 한다.

실제로 2006년 4월 1일 연계선 고장으로 제주지역 주파수가 57.8Hz까지 저하한 후 주파수를 회복하는 과정에서 송전선로 부하차단 시스템이 동작하여 ○○화력 내연 발전기가 과속도로 정지된 사례가 있다.

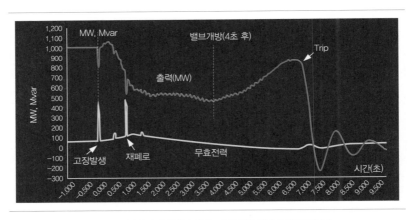

그림 73 병렬운전 상태에서 계통고장에 의한 발전기 과도상태 예

또, 2012년 8월 23일 계통부하 62,530MW에서 운전 중 송전선로 고장으로 ○○원자력 1호기가 가속율 신호에 의하여 증기조절밸브가 닫히고 주증기유량 증가 및 압력저하로 원자로 및 터빈−발전기 정지된 사례가 있다. 〈그림 73〉은 사고 당시의 발전기 출력과 무효전력의 변동을 나타내고 있다.

9. 제작사별 과속도 제어회로

터빈 과속도 제어 방식과 명칭은 제작사마다 각각 상이하나 기능은 대동소이하며 보통은 선행제어와 피드백 제어를 조합하여 사용하고 있다.

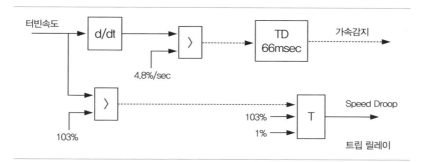

그림 74 과속도 제어-GEC

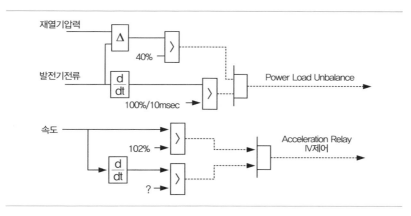

그림 75 과속도 제어-Hitachi

125

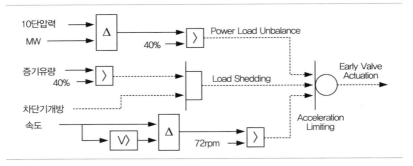

그림 76 과속도 제어-Bailey

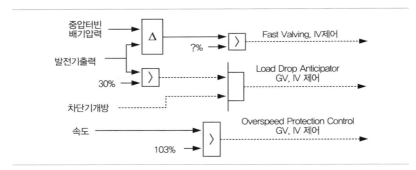

그림 77 과속도 제어-웨스팅하우스

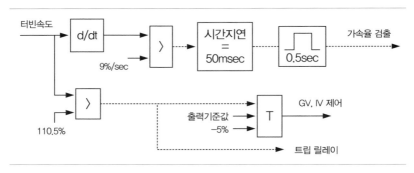

그림 78 과속도 제어-Parsons

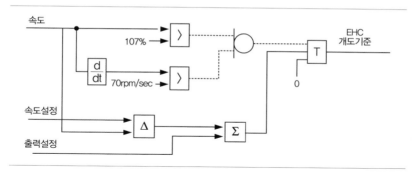

속도

107% →

d / dt

70rpm/sec →

속도설정

출력설정

Δ

Σ

T

0

EHC
개도기준

그림 79 과속도 제어-Alstom

08

CHAPTER

발전기 출력과 증기유량

발전기 출력과 증기유량

1. 개 요

기력터빈의 경우 터빈·발전기가 전력계통에 동기 투입되면 발전기의 전동기화를 방지하기 위해 증기 조절밸브가 열려 초기부하를 확립하고 계속해서 운전원이 발전기 출력을 증발한다. 운전원이 부하설정값을 증가시키면 증기 제어밸브 개도는 증가하나 발전기가 전력계통에 전자적으로 구속되어 있으므로 실제속도의 증가는 감지할 수 없을 정도로 매우 작다.

부하설정값이 50%로 증가하면 증기요구량이 50%로 증가하여 조절밸브의 개도가 증가하고 증기유량이 증가하여 터빈의 회전력이 증가하고 이는 발전기 출력으로 변환된다. 여기서, 주증기 밸브 개도가 일정할 경우 주증기 압력, 주증기유량 및 발전기 출력의 관계를 고찰해보자.

2. 발전기 출력과 증기 압력, 유량의 관계

일반적으로 Q를 유량, C_v를 용량계수, $f(x)$를 밸브 개도, ΔP를 밸브 입출구 차압이라 하면 유량과 압력과의 관계는 다음과 같이 표현된다.

$$Q = C_v \cdot f(x)\sqrt{\Delta P}$$

131

엔탈피는 온도와 압력을 알면 증기표로부터 알 수 있고, 정상 운전 시 과열기의 출구 온도와 압력은 보일러 제어시스템에 의하여 거의 일정하게 유지되므로 엔탈피도 일정하다. 따라서 유량만 알면 터빈에 전달된 에너지를 구할 수 있다.

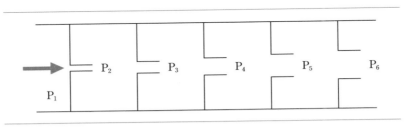

그림 80 터빈의 단순화(노즐)

〈그림 80〉에 나타낸 바와 같이 터빈은 노즐의 연속으로 생각할 수 있고 과열증기는 이상기체의 상태방정식을 적용할 수 있으므로 주증기 제어밸브의 개도가 일정한 경우, J를 열의 일상당량, h_1을 터빈입구 증기의 kg당 엔탈피, h_2를 터빈출구 증기의 kg당 엔탈피, V_2를 터빈 출구 증기의 분출 속도라 하면 다음의 식이 성립한다.

$$Jh_1 = Jh_2 + \frac{V_2^2}{2g}$$

위의 식에서 노즐을 지나는 증기의 속도를 구한 후, 정상유동의 엔탈피 및 운동 에너지의 관계와 면적을 적용하면 유량을 구할 수 있다. 위의 식을 분출속도 V_2에 대하여 풀면

$$V_2 = \sqrt{2gJ(h_1 - h_2)}$$

여기에, $h = C_P T$를 적용하고, 이상기체의 엔탈피 식, 엔트로피 팽창(Isentropic expansion) 방정식 즉, $Pv^k = C$, 그리고 이상기체의 상태 방정식, $Pv = RT$, $T_2/T_1 = (P_2/P_1)^{k+1/k}$ 및 정압비열과 비열비의 관계식을 고려하여 유량 Q를 구하면 다음과 같다.

$$Q = A\sqrt{\frac{2gk}{k-1} \cdot \frac{P_1}{v_1} \cdot (r^{\frac{2}{k}} - r^{\frac{k+1}{k}})}$$

Q : 증기유량(T/hr)　　　　　　A : 노즐 면적

h : 유체의 단위 무게당 엔탈피　C_P : 유체의 정압비열

T : 유체의 온도　　　　　　　R : 기체 상수

k : 비열비(C_P/C_V)　　　　　v : 유체의 비체적

γ : 압력비(P_2/P_1)　　　　　C_V : 유체의 정적비열

만약 압력비(출구압력÷입구압력)가 일정하게 유지된다면 다음과 같이 정리할 수 있다.

$$Q = A \cdot K\frac{P_1}{\sqrt{T_1}} = K_1\frac{P_1}{\sqrt{T_1}} = K_2\frac{P_1}{\sqrt{v_1}}$$

따라서 유체의 온도가 일정하면 압력 P_1은 유량 Q에 정비례한다. 따라서, 터빈 주증기 제어 밸브 개도가 일정하고 복수기 진공도가 일정하면 터빈의 유입 증기량은 다음의 식으로 간단히 고쳐 쓸 수 있다.

$$Q = Constant \cdot P_1$$

또, 언급한 바와 같이 터빈은 노즐의 연속으로 볼 수 있고 각 노즐 사이의 압력비는 일정하므로 증기의 온도가 일정한 경우, 첫째 단에서 압력이 결정되면 각 단에서의 압력은 정해진다. 이것을 각 단의 압력분포는 〈그림 81〉과 같으며, 이를 더욱 확장하면 재열기 관로의 압력분포 및 중압터빈 내부, 저압터빈 내부도 동일한 해석을 적용할 수 있다.

결국, 증기유량과 발전기 출력은 열에너지 입력과 전기출력의 관계로서 열소비율을 고려하면 정비례의 관계($MW = Q \cdot \dfrac{1}{Heat\ Rate}$) 이므로 주증기 압력과 발전기 출력도 정비례의 관계임을 알 수 있다.

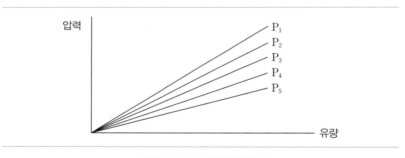

그림 81 유량에 대한 각 단의 압력

3. 증기터빈에의 적용

주증기 제어밸브의 개도가 일정한 경우 주증기 압력은 터빈 제1단 압력에 정비례한다. 터빈 각 단의 압력은 〈그림 81〉에 보인 바와 같이 값은 달라도 정비례한다. 또한, 재열기 압력도 터빈 각 단의 압력과 정비례하며 이는 중압터빈 및 저압터빈의 압력과 정비례한다.

　그런데, 주증기 압력과 발전기 출력이 정비례하므로 모든 터빈의 각 단의 압력은 발전기 출력과 정비례한다. 차이점은 주증기 제어밸브 개도가 변경된 경우 제1단 압력의 변동이 가장 빨리 전기 출력으로 나타난다는 점이다. 또, 발전기 출력은 지상 운전시 계자전류와 비례하고 전기자 전류와 비례한다.

　〈그림 82〉는 근래에 건설되는 500MW 화력발전소의 증기터빈 배치를 나타내고 있다. 이에 해당되는 터빈 모델은 〈그림 83〉에 나타내었다.

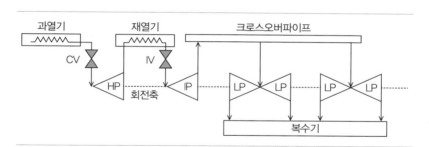

그림 82 증기터빈 배치(TC4F)

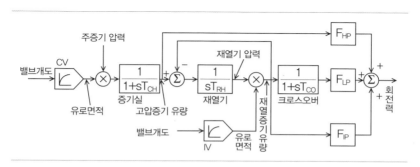

그림 83 증기터빈 모델

〈그림 83〉에 표시된 파라미터는 발전소에 따라 다르나 보통 다음과 같다.

표 4 증기터빈 모델의 정수 예

	고압터빈 회전력	중압터빈 회전력	저압터빈 회전력	증기실 시정수	재열기 시정수	크로스오버 시정수
	F_{HP}	F_{IP}	F_{LP}	T_{CH}	T_{RH}	T_{CO}
석탄화력	0.3	0.3	0.4	0.3sec	7.0sec	0.5sec
원자력	0.3	0.0	0.7	0.3sec	5.0sec	0.2sec

09

CHAPTER

증기터빈 제어 검증 사례

증기터빈 제어 검증 사례

1. 개 요

본 시험은 증기터빈 제어 및 보호 설비를 설치한 후 기동 직전에 제어로직과 현장 설비의 정상 동작 여부를 확인하는 성능시험이다. 증기터빈의 동적모델을 내장한 시뮬레이터를 이용하여 전원 투입부터 기동, 계통병입 및 전부하 운전까지의 모든 기능을 기동 직전에 확인하여 발생 가능한 문제점을 제거하여 안전 운전과 공기단축을 보장한다.

본 시험을 수행하기 위해서 중요한 것은 증기 발생이 없어야 하며 현장 계측기 설치, 신호선 케이블 결선, 접지 결선, 전원 투입 및 증기밸브 교정 등이 완료되어 있어야 한다. 또, 운전원 조작설비 (OIS:Operator Interface Station), 각종 스위치, 지시계 등과 윤활유 계통, 제어유 공급계통이 정상 운전 가능해야 한다.

2. 대상 발전소 증기터빈

터빈 조속기를 개발하여 실증 적용할 발전소는 〈그림 84〉와 같이 고압터빈 2대 및 저압터빈 4대가 단일 축상에 직렬로 연결되어 있다. 또한 고압터빈의 배기증기를 가열하여 과열도를 상승시키기 위한 습분분리 재열기가 2대 설치되어 있다.

증기밸브로는 비상 상황에서 고압터빈을 보호하기 위한 고압차단

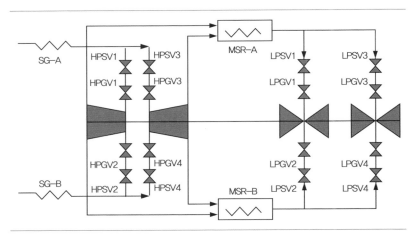

그림 84 대상 발전소 증기흐름도

밸브(HPSV:High Pressure Stop Valve)가 4대, 정상 운전시에 고
압증기의 유량 조절을 위한 고압조속밸브(HPGV:High Pressure
Governor Valve)가 4대, 비상 상황에서 저압터빈 보호를 위한 저
압차단밸브(LPSV:Low Pressure Stop Valve)가 4대, 정상 운전
시에 저압증기의 유량을 조절하기 위한 저압조속밸브(LPGV:Low
Pressure Governor Valve)가 4대 장착되어 있다.

원자력발전소는 효율보다는 안전을 중시하므로 증기의 조건, 즉 온
도 및 압력이 매우 낮아서 기동전 예열이 불필요하며 기동은 주증기
차단밸브를 이용하고, 정격속도 도달시 주증기 조절밸브를 이용하여
계통병입을 위한 준비를 수행하고 발전기 출력을 조절한다.

3. 조속기 응용 프로그램 개발

조속기를 개발하여 실증 적용하기 위하여 현장 자료를 검토한 후 제어 알고리즘을 정립하고 응용 프로그램을 개발하였다.

응용 프로그램을 구현에 활용된 소프트웨어는 상용의 편집기로서 현장 터빈에 적용할 속도 및 출력제어 등의 기존 터빈조속기의 기능을 100% 구현하였다. 〈그림 85〉는 개발된 제어회로의 블록도를 나타내고 있다. 주제어기로 사용한 하드웨어는 삼중화 기술을 이용한 내고장성 제어장치이다.

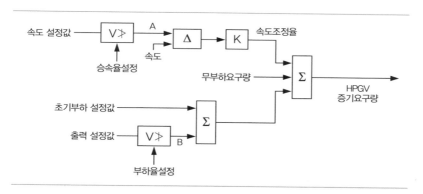

그림 85 속도 및 출력 제어

가. 속도 및 출력 제어 프로그램 개발

〈그림 85〉에 나타낸 제어 블록도에서 속도설정값은 속도기준값(A)이 추종하는 최종 목표값이다. 승속율은 속도기준값이 속도목표값을 추종하기 위해 적용되는 증감율이다. 일반적으로 속도기준값은 속도

목표값을 목표로 하여 승속율에 의해 변동되며 승속율은 운전상태에 적합하게 운전원이 설정한다. 속도조정율은 〈그림 85〉와 같이 속도편차에 대한 비례제어기의 이득을 역수로 하여 백분율로 나타낸 값으로서 7%로 설정하였다.

정상 운전 상태에서 실제속도가 103%보다 큰 경우에 터빈이 과속도로 진입하는 것을 방지하기 위하여 속도조정율을 1%, 즉 제어기 이득을 100으로 설정하여 증기조절밸브를 신속히 폐쇄함으로서 과속도를 제어한다. 부하율은 출력기준값(B)이 출력설정값에 추종하기 위해 적용되는 증감율로서 증기밸브의 개폐속도이며 출력기준값은 밸브개도의 기준이 되는 값이다.

나. HPGV 증기유량 제어 프로그램 개발

고압조속밸브의 개도가 일정한 경우 주증기 압력과 발전기 출력은 정비례한다. 따라서, 발전기 출력을 제어하기 위해서는 증기유량을 제어해야 한다. 고압조속밸브의 증기요구량을 HPGV SD라 하고 속도편차를 Δf 그리고 출력설정값을 Load Ref.이라 하면 이들의 관계는 다음의 식으로 표현된다.

- 정상적인 속도제어 : $HPGV\ SD = \dfrac{100}{7}\Delta f + Load\ Ref.$

- 과속도 제어 : $HPGV\ SD = \dfrac{100}{1}\Delta f + 356$

따라서, HPGV의 증기유량 요구량을 과속도에 대하여 도시하면 〈그림 86〉과 같이 표현된다.

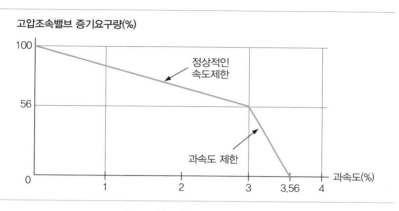

그림 86 과속도와 HPGV 증기유량 요구량

4. 증기터빈 발전기 모델 개발

증기 에너지가 터빈으로 유입되어 터빈 속도와 발전기 출력으로 전환되는 과정을 열역학적 에너지 방정식을 적용하여 프로그램 하였다. 일정한 압력이 주어지면 밸브의 개도에 따라 증기유량이 결정되고 터빈에서 발생되는 에너지를 산출하였으며 이는 현장에서 운전되는 실제 데이터를 취득하여 참고하였다. 또, 터빈과 재열기의 부피와 터빈·발전기의 관성 및 증기흐름에 대한 관로저항, 밸브의 이동속도를 조절할 수 있다.

가. 터빈 모델

터빈계통은 고압, 및 저압 터빈으로 구성되어 있으며, 각 터빈은 추기를 고려하도록 다단계로 모델링하고 여러 단계에서 추기와 압력 강하를 계산하도록 각 단에서 어드미턴스와 효율을 운전데이터로부터 계산하였다. 각 단계에서의 압력강하와 유량의 관계는 Stodolla의 식을 이용하였다.

$$F = K \sqrt{p_i \frac{(p_i^2 - p_o^2)}{p_i}} \tag{1}$$

여기서, F, K, ρ_i, p_i, p_o는 질량유량, 어드미턴스, 입구측 밀도, 입구측 압력, 출구측 압력이며, 어드미턴스는 발전소의 운전데이터로부터 계산하였다. 터빈이 이상적으로 운전되는 경우의 출구측 엔탈피(h_{os})는 이상기체의 열역학적인 관계식으로부터 계산할 수 있다.

$$h_{os} - h_i = \int_i^o v \ dp|_s = \int_i^o p_t^{1/\gamma} v_i p^{-1/\gamma} \ dp$$

$$= -\frac{\gamma}{\gamma - 1} p_i v_i \left[1 - \left(\frac{P_o}{P_i} \right)^{\frac{\gamma - 1}{\gamma}} \right] \tag{2}$$

여기서, h, v, p, γ는 엔탈피, 비체적, 압력, 비열비이며, 하첨자 i, o, s는 입구, 출구, 등엔트로피를 나타낸다. 증기의 경우 $\gamma = 1.327$이다. 실제 운전되는 터빈은 마찰, 열전달 등에 의해서 등엔트로피 조건이 아니며, 실제 출구측 엔탈피는 터빈 효율을 도입하여 계산한다.

$$h_o - h_i = \eta_T (h_{os} - h_i) \tag{3}$$

여기서, 효율 η_T은 발전소의 운전데이터로부터 계산하였다. 터빈의 회전수는 터빈 전단의 밸브가 완전히 닫힌 직후 터빈 증기실 내부에 남아 있는 증기에 의해 일시적으로 증가하는 경향이 있다. 이러한 현상을 모의하기 위해 터빈 증기실 내부의 체적이 고려되어야 하며, 이 경우의 질량보존식은 다음과 같이 표현될 수 있다.

$$\frac{d}{dt}M = F_i - F_o - F_e \tag{4}$$

여기서, M, F_i, F_o, F_e는 터빈내 유체의 질량, 입구 유량, 출구 유량, 추기량이며, 추기량은 입구 유량의 일정한 비율로 가정하였다. 주요 종속변수는 압력과 엔탈피이며, 비체적과 온도는 증기표로부터 계산하였다. 식 (4)는 비체적의 압력에 대한 변화를 고려하면, 다음과 같이 변환할 수 있다.

$$-\frac{1}{v}\frac{\partial v}{\partial p}M\frac{dp}{dt} = F_i - F_o - F_e \tag{5}$$

터빈의 회전자가 증기로부터 받은 열에너지는 다음과 같이 계산된다.

$$P_{th} = F(h_i - h_o) \tag{6}$$

나. 재열기 모델

재열기는 고압터빈에서 팽창된 저온의 증기를 다시 가열하여 중압터빈에 공급하는 시스템이며, 이 모델에는 압력강하, 온도상승을 계

산하도록 모델링하였다. 재열기의 열수력을 지배하는 보존방정식은
다음과 같이 표현된다.

$$\frac{dM}{dt} = F_i - F_o \tag{7}$$

$$M\frac{dh}{dt} = F_i(h_i - h) + Q \tag{8}$$

$$F = K\sqrt{\rho \Delta p} \tag{9}$$

여기서, Q는 재열기에 공급되는 열량이다. 식 (7)과 (8)로부터 압력
에 대한 다음의 방정식을 얻을 수 있다.

$$-\frac{M}{v}\frac{\partial v}{\partial p}\frac{dp}{dt} + F_o - F_i$$

$$= \frac{1}{v}\frac{\partial v}{\partial h}[\frac{\partial v}{\partial h}(h_i - h)F_i + Q] \tag{10}$$

다. 발전기/터빈 속도 모델

발전기가 전력계통에 연결되어 있을 경우, 발전기는 터빈의 회전력
을 이용하여 전기를 생산하지만 연결되어 있지 않을 경우, 터빈에 공
급된 증기의 열에너지는 터빈의 속도를 증가시키는 역할을 하게 된
다. 이를 모델링하면 다음과 같다.

$$\text{on-line} : N = 60\omega_{\text{grid}}, \ P_{\text{elect}} = \eta_{\text{gen}}(P_{\text{th}} - P_{\text{loss}}) \tag{11}$$

$$\text{off-line} : P_{\text{elect}} = 0, \ I_{\text{T/G}} = \frac{dN^2}{dt} = (P_{\text{th}} - P_{\text{loss}}) \tag{12}$$

여기서, N, ω_{grid}, P_{elect}, η_{gen}, P_{th}, P_{loss}, $I_{T/G}$는 터빈/발전기의 회전수 (rpm), 계통주파수(Hz), 전력, 발전기 효율, 터빈에 공급된 증기에너지, 터빈/발전기의 에너지 손실, 터빈/발전기의 회전관성이다. 터빈/발전기의 에너지 손실은 다음과 같이 회전수의 함수로 표현할 수 있다.

$$P_{loss} = K_o + K_1 \cdot N + K_2 \cdot N^2 \tag{13}$$

여기서, 계수 K_o, K_1, K_2는 발전소의 운전 데이터로부터 계산한다.

5. 현장 적응시험

적용 대상 발전소의 아날로그식 터빈 조속기를 철거하고 삼중화 디지털 조속기로 개조하기 위한 현장 설치를 완료한 다음, 현장 적응시험을 수행하였다. 이 시험은 증기터빈을 구동하는 증기가 없는 상태에서 증기량 조절밸브를 포함한 전체 제어계의 건전성을 확인함으로서 신뢰성을 검증하기 위한 것이다.

증기가 생산되기 직전에 수행하여 제어로직은 물론 현장 기기까지 시스템 전체의 유기적인 건전성을 시험하고 발생 가능한 문제점을 사전에 도출하여 조치하므로 실제 기동에 있어서 고장으로 인한 지연을 확실하게 예방할 수 있으며 정상 운전의 안전성을 담보할 수 있다. 이 시험을 위하여 터빈의 열수력 모델을 내장한 시뮬레이터를 개발하여 이용하였다.

가. 제어 검증용 시뮬레이터

〈그림 87〉은 이 시뮬레이터의 증기 흐름을 개략적으로 도식화한 것이다. 시뮬레이터에는 피동체인 발전기와 원동기인 터빈의 열수력 입력 및 전기적 출력에 관한 수학적 모델이 포함되어 있다.

또 터빈조속기에 탑재할 응용 프로그램의 현장 적응력과 하드웨어의 건전성을 확인하기 위한 장치로서 적용대상 발전소 터빈의 열역학적 모델을 포함하고 있다.

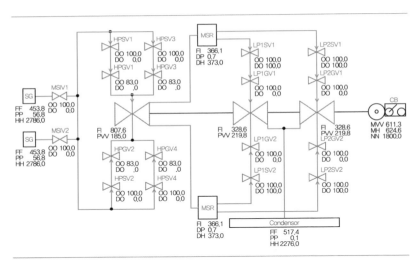

그림 87 시뮬레이터 증기 흐름도

나. 현장 적응시험 구성

〈그림 88〉에 현장 적응시험시 실제 입출력 신호의 배치를 간략하게 나타내었다. 운전조작반에서 발생되는 기동, 정지, 출력조절 등의 명

령은 통신선로를 이용하여 제어기로 전달되고 제어기는 제어 프로그램을 수행하여 서보전류를 생산하여 현장의 증기밸브를 조절한다.

증기밸브의 개도는 제어기에 입력되고 다시 시뮬레이터에 전달된다. 시뮬레이터는 운전데이터를 근거로 이미 설정되어 있는 증기발생기의 증기조건, 터빈의 관성 및 손실 등을 밸브개도에 적용하여 연산하여 속도 및 발전기 출력을 발생시켜서 제어기에 전달한다.

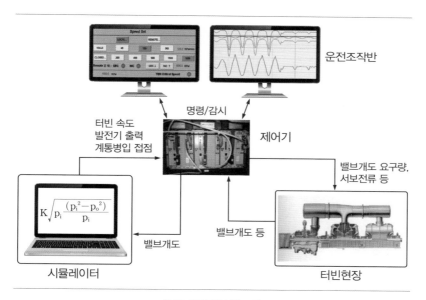

그림 88 현장적응시험 구성도

다. 현장 적응시험 결과

실제로는 증기가 없는 상태에서 각종 밸브를 제어하고 시뮬레이터에서 수학적으로 계산된 각종 운전값을 사용하여 현장적응시험을 수

표 5 제어변수 스케일(현장적응시험)

운전변수		스케일
명칭	약어	
터빈 속도	Speed	0~2000rpm
속도 기준치	Speed Ref.	0~1800rpm
속도 설정치	SPD TGT	0~1800rpm
발전기 출력	MW	0~700MW
출력 기준치	Load ref.	−10~110%
출력 설정치	Load TGT	−10~110%
고압조속밸브 개도	HPGV1 FB	−10~110%
고압차단밸브 개도	HPSV1 FB	−10~110%
저압조속밸브 개도	LP1GV1 FB	−10~110%
충동실 압력	ICP	0~46bar

행하였다. 실제 발전 운전 중에 과도상태에 대한 시험은 수행할 경우
원자로가 과도상태로 되어 안전상의 문제가 발생할 수 있으므로 현장
적응시험에 모든 항목을 반영하였다. 〈그림 89〉~〈그림 92〉에서 현
장적응 시험 결과를 나타내고 있으며 여기서 각각의 운전 변수에 대
한 스케일은 다음의 〈표 5〉와 같다.

① 터빈 승속

〈그림 89〉는 터빈이 기동 준비된 후 운전원이 적절한 승속율(5, 10,
30, 45분율)을 선택하고 원하는 속도 설정값을 선정하면 속도기준값
이 증가하고 터빈 속도가 증가하여 승속이 이루어지는 결과를 보여주
고 있다.

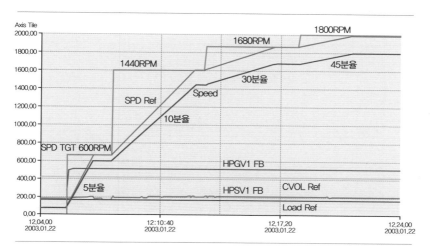

그림 89 현장적응시험 결과(터빈 승속)

〈그림 89〉에서 x 축은 20분이다. HPSV의 개도는 약 2.25%에서 1,800rpm을 유지하면서 증기량을 제어하고 있음을 보여주고 있다.

② 초기부하 운전

〈그림 90〉은 발전기가 계통병입된 후 전동기화를 방지하기 위한 초기부하 운전에 관한 그래프이다.

정격속도에서 속도병합 운전 후 발전기를 계통에 병입하면 초기부하를 형성하기 위해 출력기준값이 증가되고, 이에 따라 정해진 특성곡선에 의하여 각각의 증기밸브가 열리고 발전기 출력이 증가되고 있는 것을 알 수 있으며, 발전기가 전력계통에 구속되어 운전되고 있으므로 속도는 일정함을 알 수 있다. 〈그림 90〉에서 x 축은 3분 20초이다.

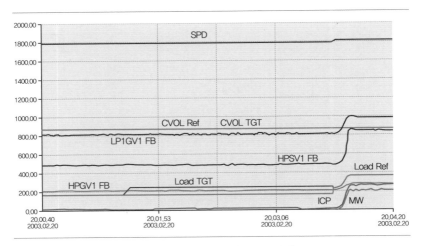

그림 90 현장적응시험 결과(초기부하 운전)

③ 출력 증발

〈그림 91〉에서 발전기 출력을 증가시키기 위해 운전원이 부하 설정
값을 약 80%로 설정하자 밸브열림제한 목표값이 수직으로 상승하고
출력기준값과 밸브열림 제한값이 각각 자동으로 추종하여 증가하고,
정해진 특성곡선에 의하여 HPGV가 열려서 충동실 압력과 발전기 출
력이 증가하고 있다.

또한 HPSV와 LPGV도 열리고 있는데 이는 HPGV가 제어하고 있
는 증기유량이 HPSV와 LPGV에 의하여 제한되면 출력제어가 원활
하지 못하기 때문이다. 밸브개도 열림기준 제한값과 출력기준값은 증
가율이 동일하며, 충동실 압력과 발전기 출력은 파형이 동일함을 알
수 있다. 〈그림 91〉의 x 축은 10시간이다.

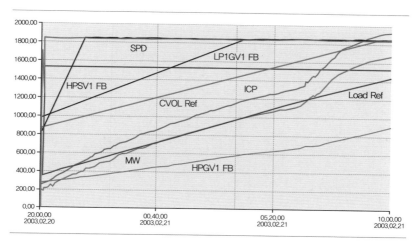

그림 91 현장적응시험 결과(출력 증발 운전)

④ 과속도 제어 운전

〈그림 92〉는 터빈 속도가 103% 이상에서 속도조정율이 7%에서 1%로 변화는 과속도제어 기능을 시험하기 위해 터빈 속도신호를 100%에서 104%까지 램프로 증가시킬 때 속도/부하 요구값이 100%에서 0%로 감소되는 것을 보여주는 결과이다.

〈그림 92〉를 분석하면 터빈속도가 증가되어 103%에 도달하자 속도/부하 요구값이 56%까지 감소하고 약 103.56% 속도에서 밸브개도 기준값이 0%로 감소하여 제어 알고리즘과 잘 일치하고 있다. 계통병입 상태에서 속도상승을 가정하고 있으므로 속도기준값과 출력기준값은 일정함을 보여주고 있다. 〈그림 92〉에서 x 축은 3분 9초이다.

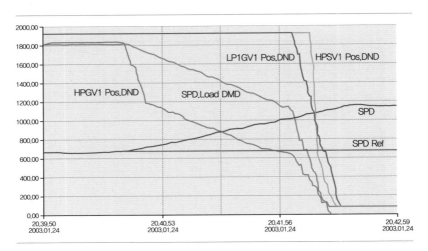

그림 92 현장적응시험 결과(과속도제어 운전)

6. 터빈 기동 및 운전

터빈 조속기를 개발, 제작 및 설치 완료 후, 기동전 모의시험을 수행하여 전체 조속기의 건전성을 확인한 후 최초 기동을 실시하였다. 적용대상 발전소의 기존 기동 순서를 반영하여 수행하였으며 증기유량이 극히 작은 상태에서 수행하므로 원자로 안전운전에 무관한 터빈 기동, 정격속도 도달, 발전기 계통병입, 출력 증발 등의 운전과정 및 밸브 시험 등의 시운전을 수행하였다. 〈그림 93〉에서 〈그림 95〉는 터빈 운전 결과를 나타내고 있으며 여기서 각각의 제어변수에 대한 스케일은 현장적응시험의 경우와 동일하며 〈표 5〉에 나타낸 바와 같다

가. 터빈 승속

〈그림 93〉은 터빈 승속에 관한 운전 그래프이다. 저속 회전 상태인 터빈에 증기를 공급하여 1,400rpm, 1,700rpm, 1,800rpm으로 단계적으로 승속하여 중요 운전 변수를 관찰한 후 이상이 없음을 확인하였으며 터빈속도 1,800rpm, HPSV 개도 1%를 유지하였다. 현장적 응시험에서는 1,800rpm에서 HPSV의 개도는 약 2.25%를 유지하였으므로 약 1.25%의 오차가 발생하였다.

속도설정값이 단위 계단으로 상승하고 뒤이어 정해진 승속율로 속도 기준값이 증가하고 이에 따라 정해진 곡선에 의거하여 HPGV와 LPGV는 빠르게 열리고 있다. 속도 편차가 발생함에 따라 이를 제어하기 위하여 HPSV와 HPGV 및 LPGV가 일제히 움직이고 있다.

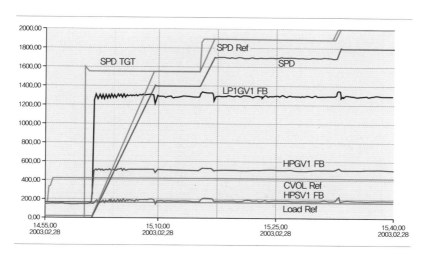

그림 93 터빈 운전결과(터빈 승속)

또한, 승속 중에 1,400pm을 유지하려 할 경우 밸브의 개도가 미세하게 감소하고 있는데 이것은 승속 중에 필요한 가속에너지는 더 이상 필요하지 않고 그 속도에서 손실에너지만 공급하고 있으므로 나타나는 현상이다. 1,400rpm에서 1,700rpm으로 가속을 시작하면 증기 밸브가 빠르게 열리고 있는 결과를 보여주고 있다. 〈그림 93〉에서 x 축은 45분이다.

나. 초기부하 운전

〈그림 94〉에서 터빈 속도가 1,800rpm을 유지하는 상태에서 유량 제어 전환을 완료하였다.

이후 발전기 제어계통에서 수동으로 계통병입을 실시하자 출력기

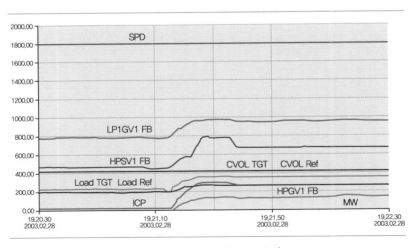

그림 94 터빈 운전결과(초기부하 운전)

준값이 7%로 상승하고 HPSV, HPGV 및 LPGV가 특성곡선에 따라 열려 발전기 출력은 약 60MW를 유지하였다. 〈그림 94〉에서 x 축은 2분이다.

다. 출력 증발

〈그림 95〉에서 초기부하를 형성한 후 운전원이 설정한 부하율로 출력설정값을 75%까지 조절하자 약 1시간 후에 출력기준값은 7%에서 43%로 증가하고, 발전기 출력은 초기 60MW에서 350MW까지 증가하였다.

각 조절밸브는 특성곡선에 따라 열려서 출력기준값 20%에서 HPSV는 100% 열렸으며, LPGV는 58%, HPGV는 8% 정도를 유지

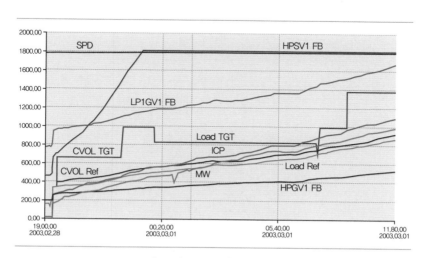

그림 95 터빈 운전결과(출력 증발 운전)

하였다. 〈그림 95〉에서 x 축은 16시간이다.

7. 결 론

발전소의 핵심제어 설비중 하나인 증기터빈 조속기의 프로그램, 즉 터빈 속도제어, 발전기 출력제어, 과속도 제어, 과속도 보호 등의 프로그램을 개발하였다.

이를 위하여 현장의 운전 자료와 설계 자료를 확보한 후, 터빈의 물성을 파악하여 열수력적 모델을 개발한 다음 시뮬레이터를 개발하여 제어용 응용 프로그램의 모든 기능의 건전성을 확인한 후 기동하여 고장 없이 정상 운전을 수행하고 있다.

10

CHAPTER

기타 터빈 제어

기타 터빈 제어

---

1. 가스터빈 제어

연료를 연소시켜서 발생된 고온·고압의 가스를 증기터빈과 같이 에너지 전달과정을 거치지 않고 직접 터빈에 공급하여 회전력을 발생시키는 원동기를 가스터빈이라 한다.

가스터빈은 기동 및 정지를 신속히 수행할 수 있고 주파수 변화에 대한 출력 응동성이 양호하여 주파수 조정용 발전소로 사용되고 있다. 가스터빈을 이용한 발전기는 증기터빈을 이용한 발전기와 달리 기동 및 정지 시간이 대단히 짧고, 부하 변화에 대한 속응성이 뛰어나기 때문에 전력계통 운영상 양수발전기 및 수력발전기와 더불어 주로 첨두부하를 담당한다.

가. 개 요

가스터빈 제어에서 주제어 변수는 발전기 출력과 터빈 속도를 고려한 속도제어 신호이며, 기동 및 정지시에 필요한 기동정지 신호 및 배기가스 온도제어 신호가 최소값 선택 회로를 통과하여 최종 연료밸브 제어신호가 발생되도록 알고리즘이 구성되어 있다.

가스터빈 발전기의 기본적 구성은 〈그림 96〉과 같다. 여기에서 다수 발전기가 연결된 전력계통 주파수 즉, 발전기 회전수의 변동에 따라 가스터빈 조속기의 제어 신호가 변하여 제어기의 출력이 변화된

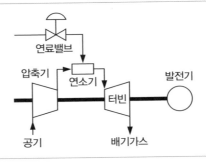

그림 96 가스터빈 기기 배치

후, 연료밸브의 개도가 변동한다.

나. 가스터빈 속도제어

기력발전소의 증기터빈에서는 보통 발전기 출력궤환이 선택사항으로 되어 있는데 비하여 가스터빈에서는 필수사항으로 되어 있는 점이 특징이다. 이는 기력터빈과 달리 응답 속도가 신속하고 고부하와 저부하에서 동일 주파수 변동에 대하여 연료밸브 유량 변동량을 동일하게 제어할 수 있기 때문이다.

따라서 발전기 출력 변동량이 동일하게 나타나므로 제어계통의 불감대, 제어밸브의 비직선성 등을 상당히 극복하여 부하추종 운전시 발전기 출력제어의 선형성을 개선하는 효과가 있다.

또한, 보통의 증기터빈은 속도제어 루프에 비례제어기를 채용하나 가스터빈은 출력을 피드백 받으므로 보통 비례·적분제어를 채용한다.

〈그림 97〉에서 발전기가 계통에 병입된 상태에서 속도/부하설정은

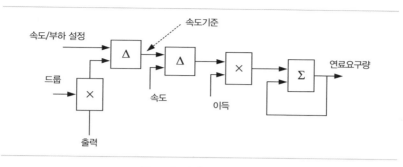

그림 97 가스터빈 속도제어 예(GE)

95%에서 105%까지 운전원에 의하여 연속적으로 조절된다. 드룹은
보통 4%로 설정되며 발전기 출력이 100%이면 4%이다.

무부하 정격속도(FSNL:Full Speed No Load) 설정치를 100%로
가정한 경우 속도/부하 설정이 104% 이면 무부하시 속도기준값은
104%이고 전부하 정격속도에서는 발전기 출력 100%에 대하여 4%의
드룹(Droop)을 고려하면 100%로 된다.

따라서 속도기준값 100%와 터빈속도의 편차가 제어기로 입력되고

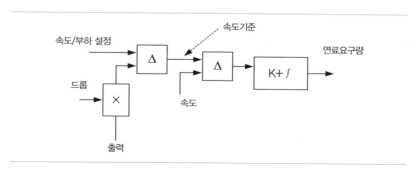

그림 98 가스터빈 속도제어 예(W.H)

이를 연산한 결과가 연료 요구량으로 되어 연료밸브의 개도를 조절한다.

다. 배기가스 온도제어

복합발전 운전 중에는 배기가스의 온도를 고온으로 유지하여 배열회수보일러의 증기온도를 유지한다. 보통 기동시에는 온도제어를 위하여 미리 정해진 프로그램에 의하여 압축기의 공기량을 조절하는 입구안내날개(IGV : Inlet Guide Vane)의 각도를 조절한다.

또한, 정상 운전 중에는 배기온도, 압축기 출구온도, 압축기 출구압력 및 대기압을 측정하여 가장 고온부인 터빈 입구의 연소기준온도를 계산하여 제어하는 것이다. 따라서 배기가스 온도를 제어하지만 실제적으로는 입구온도를 제어한다.

이를 위하여 IGV의 개도를 조절하여 압축기 공기의 유량을 조절하며 특히 Base Load 운전 중에는 반드시 온도제어 상태를 유지한다. 정상상태에서 연료가 증가하면 배기온도가 증가하므로 IGV의 각도를 증가시켜서 공기유량이 증가되면 냉각 효과의 증가로 온도가 감소된다. IGV가 100% 전개된 경우에는 연료량을 제한하여 배기온도를 허용치 이내로 유지한다.

라. 연료 제어

가스터빈의 속도, 출력, 온도를 제어하기 위해서는 최종적으로 연료를 조절해야 한다. 〈그림 99〉는 최근에 건설되는 가스터빈의 주류를 이루고 있는 MHI 가스터빈의 연료제어 회로를 나타낸 것이다.

주압력제어밸브(MPCV:Main Pressure Control Valve)는 저개도에서 차압 증가에 따른 제어 불안정을 해소하기 위하여 연료량에 따른 주유량제어밸브(MFCV:Main Flow Control Valve) 전후 차압을 제어하고 연료량은 MFCV로 제어하는 방식이다.

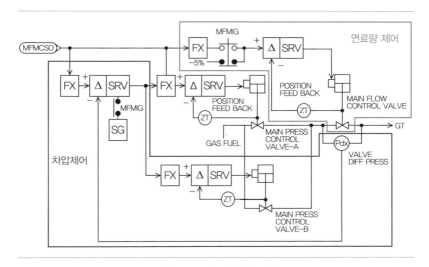

그림 99 MHI 가스터빈 연료 제어

2. 복합화력 증기터빈 제어

복합발전이란 열효율 향상을 위해 두 종류의 발전 사이클을 조합하여 하나의 발전 설비를 만드는 것을 말한다. 가스터빈으로부터 버려지는 열량의 일부를 회수하기 위한 방안으로 배기가스를 배열회수보일러로 보내 증기를 생산하여 증기터빈을 구동하는 방식이 상업적으로 보편화되어 있다.

일반적으로 복합발전용 증기터빈은 전부하 범위에서 고효율을 유지하기 위해 변압운전(Sliding Pressure Operation) 방식을 채택하고 있다.

〈그림 100〉은 복합발전 증기계통도의 예로서 이것을 참고로 운전 과정을 살펴보면 다음과 같다. 즉, 기동초기에 드럼이 충수된 상태에서 가스터빈의 출력이 증가하면 배기가스의 온도와 유량이 증가하므로 배열회수보일러의 드럼 증발량이 증가하여 수위가 감소한다.

이 때 보통은 배열회수보일러출구의 격리밸브가 닫혀있고 증기터빈은 정지 상태이다.

드럼수위가 감소하면 제어기에 의하여 급수제어밸브의 개도가 증가하므로 드럼압력이 증가하고 드럼수위가 회복되면서 블로우다운(Blowdown) 운전을 계속한다.

가스터빈 출력이 더욱 증가하여 일정한 증기 조건에 도달하면 격리밸브를 열고 터빈바이패스 운전을 실시하고 증기 조건이 만족되면 증기터빈을 기동한다. 이 때 고압증기를 이용하면 주증기 제어밸브(MCV:Main Control Valve)의 개도가 증가하므로 고압증기 압력이 저하하고 고압바이패스 밸브가 닫히게 된다.

증기터빈 속도가 정격에 도달하여 계통병입을 시행하면 고압증기 압력은 더욱 감소하여 고압바이패스 밸브는 완전히 닫힌다. 이 때 증기터빈 제어시스템은 배열회수보일러 제어시스템으로부터 신호를 수

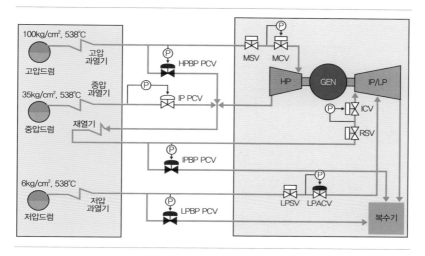

그림 100 복합발전 증기계통도 예

신하여 입구압력제어(IPC:Inlet Pressure Control) 상태로 된다.

이 후 가스터빈의 출력이 더욱 증가하면 증발량 증가와 더불어 드럼수위가 감소하나 급수제어에 의하여 드럼수위는 회복되며 고압증기 압력은 증가하므로 주증기 제어밸브가 열리게 되며 터빈입구 유량이 증가하여 발전기 출력이 증가한다. IPC는 보통 이득이 매우 크므로 압력 증가량이 소량이어도 주증기 제어밸브는 완전히 열리며 이때부터 가스터빈 출력증가에 따라 증기압력이 증가하고 발전기출력이 비례적으로 증가하는 순변압운전으로 된다.

그러나 비정상 상태에 진입하면 압력이 빠르게 저하하므로 이것을 방지하기 위하여 입구압력의 저하를 억제하는 입구압력제한장치(IPL:Inlet Pressure Limiter)를 활성화 할 필요가 있다. 〈그림 101〉

167

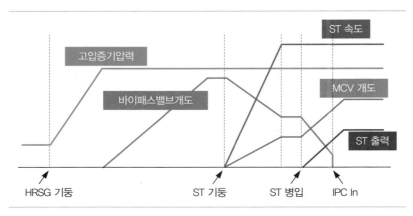

그림 101 복합화력 증기터빈 기동 그래프

은 복합화력의 기동 그래프를 나타내고 있다.

3. BFPT 제어

　발전소의 부하는 시시각각으로 변동하고 이에 따라 보일러 증기 유량도 변동된다. 기력발전소가 원만하게 운전되기 위해서는 급수 제어가 매우 중요하다. 드럼형 보일러의 경우 급수제어가 불안정하면 드럼수위가 불안정하게 된다.

　드럼수위가 높아지면 터빈으로 습증기가 유입될 우려가 있고, 낮아지면 보일러 튜브가 과열될 수 있다. 관류형 보일러의 경우 급수제어가 불안정하면 과열기의 적절한 냉각이 어렵게 된다.

　급수유량이 작으면 과열기가 과열되고, 크면 과냉된다. 정상 운전 시 대용량 발전소에서 급수유량을 제어하기 위해서는 보통 급수펌프 구동용 터빈(BFPT:Boiler Feedwater Pump Turbine Driven)을 제어해야 한다.

터빈과 급수펌프는 같은 축으로 연결되어 있으며 정상 운전시 급수량 조절은 터빈의 회전수를 제어하여 이루어진다. BFPT의 속도를 제어하기 위해서는 급수제어 계통으로부터 속도요구량을 받아야 한다. 속도요구량은 발전소에 따라 다르지만 보통 2500~6000rpm 정도에 해당되는 4~20mA 신호가 BFPT 조속기로 전달된다. BFPT 조속기는 정확한 속도제어를 위해 잔류편차가 없는 비례적분 제어를 수행한다.

급수제어 계통의 BFPT 속도요구량은 보일러 형식에 따라 상이하다. 드럼 보일러의 경우는 드럼수위, 증기유량, 급수유량의 3요소를 고려하여 발생되고 관류 보일러의 경우는 과열기 출구온도, 연료량, 절탄기 유량을 고려한다.

BFPT는 보통 윤활유와 작동유가 동일한 펌프를 사용한다. 작동유 압력은 12kg/㎠ 정도로 저압이므로 보통 보조밸브를 이용하여 유량을 증폭한다. 〈그림 102〉는 제어회로가 이중으로 구성된 OOO화력 1~4호기, OO화력 3~6호기, OO화력 1~4호기 등의 밸브제어 방식을 나타내고 있다.

또한, 〈그림 103〉은 OOO화력 5~6호기, OO화력 7~8호기, OO화력 1~8호기 등과 같이 보조밸브 제어를 현장의 기계적 메커니즘으로 수행하고 전기회로는 단일 루프인 경우를 나타내고 있다.

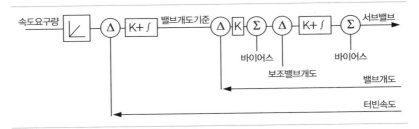

그림 102 ○○화력 3호기 BFPT 제어 개요

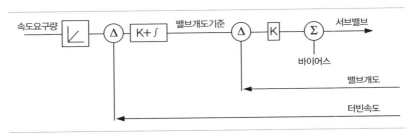

그림 103 ○○화력 1호기 BFPT 제어 개요

4. 펌프터빈 제어

우리나라 전력계통의 원자력 발전량의 증가에 따라, 심야전력 수요 조절과 경제성 확보를 위하여 양수 발전소가 건설되어 운용되고 있다. 특히, 심야에는 원자력의 잉여 전력을 이용하여 고낙차 지점에 물을 양수하고, 주간에는 양수된 물의 위치 에너지를 발전에 이용하는 방식으로서, 전력 생산에 있어서 전체 연료비 절감은 물론 전력계통의 정격 주파수 유지에도 크게 기여하고 있다.

그러나, 속도조정율은 매우 양호하나 초기 주파수 변화에 대한 출력 대응이 계통운용과는 반대로 작용하는 단점이 있다.

가. 개 요

증기터빈 발전기와 마찬가지로 수차 조속기의 기본적 기능은 속도와 부하를 원하는 값으로 제어하는 것이다. 양수 발전소의 기본적 구성은 〈그림 104〉와 같다.

여기에서 다수 발전기가 연결된 전력계통 주파수 즉, 수차 발전기의 실제 회전수가 변동하면 수차 조속기의 제어 신호가 변하여 제어기의 출력이 변화된 후, 수량 조절 밸브(Wicket Gate, Guide Vane)의 개도가 변화한다.

이에 따라 수차의 기계적 관성과 물의 수력적 관성이 고려되어 물의 유량이 변화되고 이는 곧 출력의 변화로 나타나게 된다.

나. 물지연시간

수차발전기의 부하추종 운전시 수량 조절 밸브가 열리거나 닫힐 때, 비압축성인 물의 관성과 수압관로에 존재하는 탄성의 영향으로 인하여 수차에 유입되는 수량은 지연되어 변화한다. 물지연시간은 수두 H_0인 수압관로 내부의 물이 정지상태에서 속도 H_0까지 가속하는데 걸리는 시간으로 부하에 따라 변동한다.

일 예로 수량조절밸브를 열면 주위의 밀도가 저하하므로 압력이 저하하고, 수차출구와의 차압이 감소하여 유량이 저하하여 발전기출력도 감소하게 된다. 이것은 물의 관성이 크고 비압축성이기 때문에 나타나는 현상으로서 수압 관로의 길이에 비례하고 낙차에 반비례하며,

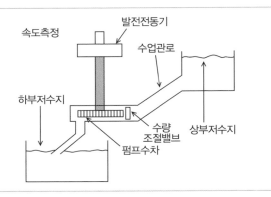

그림 104 양수 구조물 개요도

발전소에 따라서 고유한 값을 가진다.

일반적으로 수차 발전기의 경우, 대략 0.5~4초 정도가 소요된다. 물지연시간을 수식적으로 표현하기 위해서 다음과 같은 가정이 필요하다.

- 물의 저항은 무시할 수 있을 정도로 작다
- 물은 비압축성 유체이며, 수압관로는 탄성이 없다
- 물의 유량은 수량 조절밸브의 개도에 비례하고 낙차의 평방근에 비례한다
- 수차의 출력은 낙차와 유량의 곱에 비례한다

위의 다섯 가지 가정을 전제로 하여 물지연시간을 표현하면 다음과 같다.

$$물지연시간 = \frac{LQ}{gHA}\,(\sec)$$

여기서, L(m) : 수압관로의 길이

　　　 Q(㎥/sec) : 유량

　　　 g(m/sec²) : 중력의 가속도

　　　 H(m) : 수량 조절밸브에서 수압

　　　 A(㎡) : 수압관로의 단면적

　고낙차, 대용량 수력발전기가 부하추종운전 중일 때는 물지연시간
으로 인하여 주파수 변화에 대한 초기 발전기 출력은 예상과는 반대
로 응동한다.

　즉, 전력계통 주파수가 감소하면 출력이 즉시 증가해야 하나, 물지
연시간 동안은 출력이 오히려 감소하는 응답특성을 나타낸다. 따라서
주파수 변화 후 초기에는 물시정수로 인하여 부하 추종운전의 기본
취지에 오히려 역행하는 운전상태가 나타나고 있다.

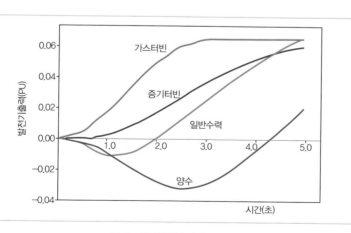

그림 105 발전원별 초기 출력응동 예

즉, 속도조정율의 관점에서 정격 계통 주파수의 유지에 대한 기여도를 평가할 경우, 화력 발전기보다 우수한 것이 사실이나, 초기의 응답 특성은 매우 불량하다. 또, 물지연시간이 클수록 조속기를 포함한 시스템 전체의 불감대가 증가하므로 주파수 정밀 유지에 대한 기여도는 그 만큼 낮아진다.

다. 양수발전 제어회로

양수 발전소의 발전 운전시 제어 신호 흐름의 예를 〈그림 106〉에 나타내었다. 양수발전기도 가스터빈과 같이 고부하와 저부하에서 동일 주파수 변동에 대해 출력 변화량이 동일하게 나타나므로 발전기 출력을 피드백 한다. 〈그림 106〉에서 수차 발전기가 계통에 병입되어 운전되면 속도 설정은 60Hz로 고정된다.

출력 편차와 속도 편차가 전혀 없는 정상 상태에서 실제 속도를 비롯하여 모든 변수가 고정되어 있다고 가정하자. 이 때, 부하 증가에 의하여 계통 주파수, 즉 수차 발전기의 회전수가 감소하면 속도 편차 신호(+)가 제어기의 입력으로 작용하여 수량 조절밸브의 개도가 증가

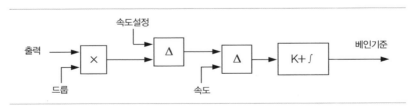

그림 106 OOO 양수 제어회로

하므로 발전기의 출력이 증가한다.

따라서 출력 신호에 드룹이 곱해져서 제어기의 입력(−)으로 작용하여 제어계는 평형되어 운전된다. OO 양수발전소는 스파이어럴 케이싱의 압력을 게이트 기준값 산정에 고려하고 드룹은 수량 조절밸브 개도와 발전기 출력 중에서 선택한다.

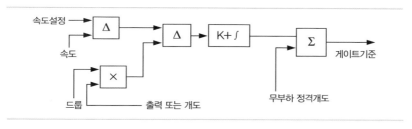

그림 107 OO양수 제어회로

5. 풍력터빈 제어

풍력시스템의 주요 구성 요소로는 날개(Blade)와 허브(Hub)로 구성된 회전자와 회전을 증속하여 발전기를 구동시키는 증속장치(Gearbox), 전기를 생산하는 발전기(Generator), 각종 안전장치를 제어하는 제어 장치, 브레이크 장치와 전력 제어 장치 및 철탑 등으로 구성된다.

풍력터빈은 입력 에너지 값이 일정하지 않다는 특징을 지니고 있다. 이는 풍력은 물론 재생 에너지원의 변동성에 기인하는데 지역, 환경, 기후, 날씨, 온도 등 다양한 환경 조건에 의해 발생하고 있다.

가. 회전자

회전자는 회전날개, 허브 및 축으로 구성되어 바람이 가진 에너지를 회전력으로 변환시켜 주는 장치이며, 풍력발전기의 성능에 큰 영향을 미친다. 효과적인 풍력발전을 위해서는 회전자의 설계가 매우 중요하며, 특히 각각의 날개의 설계가 아주 중요한 요소로 작용한다.

공기역학적으로 블레이드에 작용하는 힘을 바람의 순방향과 수직방향으로 나누어 항력(Drag)과 양력(Lift)이라고 한다. 양력은 매우 복잡한 현상이나 간단히 설명하면, 블레이드 전단에서 출발한 바람은 곡면부와 편평한 부위로 분리되어 흐르게 된다. 곡면부를 통과한 바람은 편평한 부위를 지난 바람과 블레이드 후단에서 같은 시간에 만나기 위해 속도가 커지게 된다.

이와 같이 생성되는 블레이드 양면의 유속차에 의해 양력이 발생되

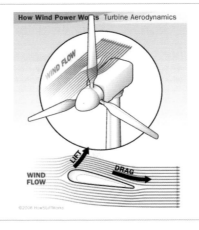

그림 108 풍력터빈 회전 원리

고 이 힘에 의해 블레이드는 유속이 빠른 방향으로 움직이게 된다. 비행기 날개의 설계와 같이 높은 양력 대 항력 비가 효율적인 터빈 블레이드의 설계에 필수적이다. 터빈 블레이드는 각 단면에서 항상 이상적인 양–항력 비를 가지는 각도를 제공하도록 약간 비틀려 있다.

블레이드에서 발생한 모멘트는 허브를 통해 회전축(Rotor Shaft)에 전달되며 증속기(Gearbox)에 의해 회전수가 높아진 후 발전기로 전달된다. 회전축은 고출력의 모멘트를 안정적으로 전달하기 위해 매우 크고 견고하게 설계된다. 중량의 회전축과 허브, 로터는 베어링을 통해서 나셀(Nacelle, 풍력발전기 타워 상단 터빈이 결합되고, 기어박스, 발전기 등이 설치된 컨테이너)에 고정된다.

나. 풍력 터빈과 발전기

풍력발전기를 기계적 구성에 따라 분류하면 기어가 있는 형식과 기어가 없는 형식으로 분류할 수 있다. 이러한 분류의 기준은 회전자와 발전기 사이에 증속기의 설치 여부에 따른 분류이다.

대부분의 정속운전 유도기형 발전기를 사용하는 풍력발전시스템이 기어가 있는 형식에 해당되며 유도형 발전기의 높은 정격회전수에 맞추기 위해 회전자의 회전속도를 증속하는 기어장치가 장착되어 있는 형태이다. 증속기가 있는 경우 전체적인 풍력발전기 제어가 간결해진다. 그러나 기어가 없는 경우에 비해 효율이 떨어진다는 단점이 있다.

대부분 가변속 운전 동기형(또는 영구자석형, 권선형 유도기형) 발

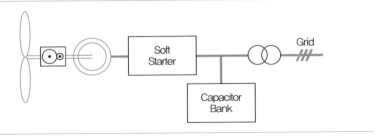

그림 109 기어가 있는 형식(가변속 농형)

전기를 사용하는 풍력발전기가 기어가 없는 형식에 해당된다. 기어가
없는 경우 발전기 출력을 상용주파수에 맞도록 유지하는 제어를 수행
하기 위해 복잡한 제어 방법이 소요되는 반면, 이를 해결하기 위해 증
속기와 발전기를 모두 제거한 후, 영구자석 동기기를 채용한 풍력발
전기가 최근에 설치되고 있다.

권선형 유도기의 경우 발전기에서 발생한 교류전력을 직류로 변환
한 다음 다시 교류로 변환하는 전력변환장치(AC-DC-AC)를 통하
여 여자의 전압과 주파수를 조절하여 공급하므로 역률을 개선할 수
있다.

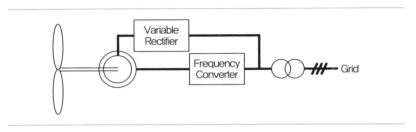

그림 110 직접구동 방식

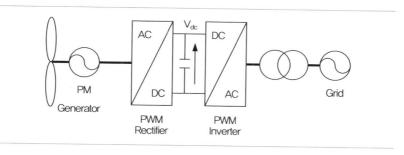

그림 111 전력변환장치 개요도

다. 풍력발전기의 제어

〈그림 112〉는 풍력발전기의 제어가 가능한 부분을 나타낸 구조도이다. 풍력발전기는 기계적 제어가 가능한 부분과 전기적 제어가 가능한 부분으로 나뉠 수 있으며 발전기 또는 전력변환장치를 기준으로 나뉜다.

풍력발전기의 입력 에너지는 바람 에너지이다. 풍속과 에너지의 관계는 보통 풍속의 3승에 비례한 에너지가 발생하며 바람의 방향이 변동하는 경우 Yaw 제어를 통해 바람 방향으로 풍력 터빈을 정면으로

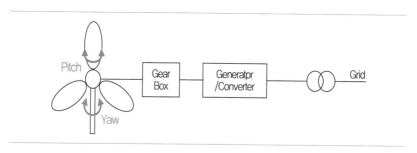

그림 112 풍력발전기의 구조

위치시킨다. 풍속이 변화함에 따라 풍력 터빈의 정격 회전속도를 유지하기 위해 피치(Pitch) 제어를 통해 터빈의 회전속도를 제어한다.

일반적으로 풍속이 강할 때 및 계통 상황이 변동하여 출력을 줄여야 할 때 등 주로 작동하며 평상시에는 최대출력 운전을 위한 각도제어를 수행한다.

〈그림 113〉은 앞선 설명과 같이 풍력터빈에 전력변환장가 직결된 방식의 풍력발전기를 나타낸다. 풍력발전기의 터빈 출력과 주파수는 바람과 Yaw, 피치제어에 의해 변동되지만 정류기 단에서 일정한 직류전력을 생산한 후 전력변환장치를 활용하여 계통에서 필요한 상용 주파수로 변환하여 출력한다.

전력변환장치를 구성하는 정류기는 인버터와 동일한 컨버터 종류를 사용할 수 있고 더욱 간단한 방법으로는 다이오드를 활용한다. 이러한 방식을 사용하는 경우 풍력발전기가 매우 간단해지므로, 풍력발전기의 나셀의 무게와 부피가 작아져 전체적으로 발전기 크기가 축소되어서 토목비용 절감 등이 가능해진다.

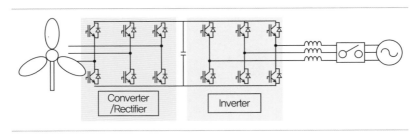

그림 113 PCS를 이용한 풍력발전기의 내부 구조

라. 속도 제어에 따른 풍력발전기 분류

풍력발전기를 속도제어에 따라 분류하면 고정속도 방식과 가변속도 방식으로 분류할 수 있다.

① 고정속도 방식

정속운전 유도발전기를 사용하는 기어가 있는 형식이 대부분 고정속도 방식이며 유도발전기의 높은 정격회전수에 맞추기 위해 증속기어를 채용한다. 정격속도의 100%~103%에서 운전되며 권선형의 경우에는 108%까지 운전가능 하다.

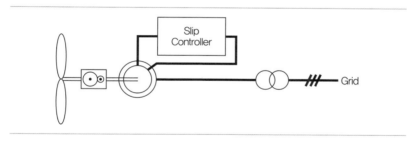

그림 114 회전자 슬립제어 방식

〈그림 114〉는 회전자 슬립제어(Opti-Slip) 방식으로서 유도기기로 동기기의 가변속 효과를 얻기 위해 권선형 유도기의 회전자 권선에 저항을 연결하고 이를 가변시킨 방식이다.

② 가변속도 방식

기어가 없는 풍력발전기는 대부분 가변속 방식이다. 근래에는 Opti-Slip 방식을 개선하여 권선형 유도기의 회전자 권선에 가변전압 주파수(VVVF:Variable Voltage Variable Frequency) 변환기를 연결하여 속도를 가변할 수 있는 이중여자 유도발전기(DFIG: Double Fed Induction Generator)가 널리 이용되고 있다. 이런 경우 전력변환장치를 통하여 여자의 전압과 주파수를 조절하여 공급하므로 역률을 개선할 수 있다.

이중여자 유도발전기는 정격속도의 70~130% 운전되며 일반적으

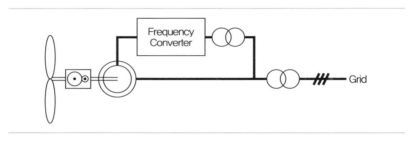

그림 115 이중여자 유도발전기 방식

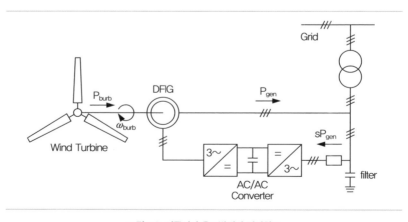

그림 116 이중여자 유도발전기 전기회로

로 사용하는 발전기와는 그 구조가 상이하여 발전기 구입단가가 높다. 풍력터빈의 최대 출력점을 추종하여 제어되므로 발전 효율이 높고 고정자 정격의 130%까지 운전 가능하여 이용율이 높다.

그러나, 이중여자 유도발전기 방식은 낮은 부하에서 발전효율이 낮기 때문에 회전자 권선을 영구자석(Permanent Magnet)으로 치환한 영구자석형 동기기를 적용한 풍력발전기도 개발되고 있다.

6. 태양광 발전 제어

태양광 발전은 발전기의 도움 없이 태양전지를 이용하여 태양빛을 직접 전기에너지로 변환시키는 발전방식이다. 태양광발전은 태양전

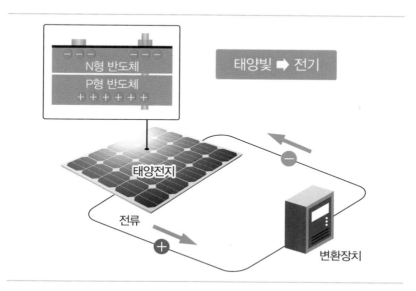

그림 117 태양광발전 개념도

지와 축전지, 전력변환장치로 구성되어 있다. 태양빛이 P형 반도체와 N형 반도체를 접합시킨 태양전지에 조사(照射)되면 태양빛이 가지고 있는 에너지에 의해 태양전지에 정공(Hole)과 전자(Electron)가 발생한다. 이때 정공은 P형 반도체 쪽으로, 전자는 N형 반도체 쪽으로 모이게 되어 전위차가 발생하면 전류가 흐르게 되는 것이다.

태양광 발전은 간단하고 용량의 확장성 등이 용이하여 최근 국내에서 각광받고 있는 신재생 에너지 발전 방법이다. 태양광 발전에서 사용되는 주된 발전원은 태양광 모듈로서 다양한 종류가 있으며 대표적인 모델로서 단결정 모듈과 다결정 모듈이 있다. 단결정 다결정 모듈은 모두 같은 발전 특성을 가지며 일반적으로 다음과 같은 발전 특성을 지닌다.

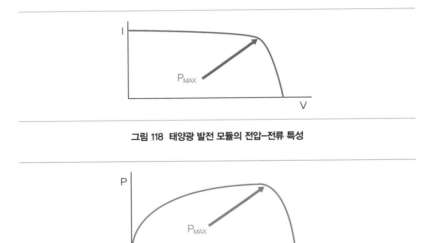

그림 118 태양광 발전 모듈의 전압–전류 특성

그림 119 태양광 발전 모듈의 전압–전력 특성

〈그림 118〉과 〈그림 119〉는 각각 태양광 발전 모듈의 전압과 전류의 관계 그리고 전압과 출력전력의 관계를 나타낸다. 태양광 모듈은 태양빛이 조사되면 전자의 이동으로 인해 전력이 발생하는 구조로, 전류의 변화량은 전압의 변화량보다 작은 것이 대부분 상용화 된 모듈의 특징이다. 따라서 일반적으로 태양광 발전의 제어는 직류 전압 제어를 통해 최대전력을 추종하는 MPPT(Maximum Power Point Tracking) 방식을 가장 많이 사용하고 있다.

〈그림 120〉은 MPPT 방식 중 P&O(Perturbation and Observation)의 개념을 나타내고 있다. 태양광 발전의 제어에 사용하는 전력변환장치의 직류 입력측 전압 제어를 수행한 후 출력 전력 값을 관측하고, 출력 전력 값과 현재 진행된 직류 전압의 추세를 관측하여 더 높은 전력이 발생하는 쪽으로 계속 전압제어를 진행하는 방식이다. 이러한 제어 방식은 전압을 이용하는 방식과 전류를 이용하는 방식 및 모듈의 지정된 최대전력점 전압을 이용하는 방식 등 다양한 방식이 있다.

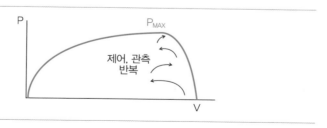

그림 120 P&O MPPT 개념

11

CHAPTER

터빈 · 발전기 및 전력계통

터빈 · 발전기 및 전력계통

1. 자연현상의 유사성

가. 작용과 반작용

〈그림 121〉에서 용수철을 힘 F_1으로 오른쪽으로 밀면 용수철에는 변위(현상)가 생기고, 이것에 의해서 왼쪽으로 힘 F_2가 생겨 $F_1=F_2$로 되는 지점에서 평형이 된다. 여기서 F_1은 작용이고 F_2는 반작용이다. 작용과 반작용이 평형을 이루면 크기가 같고 방향이 반대이다. 이것이 뉴턴 역학에서 말하는 작용과 반작용의 법칙이다.

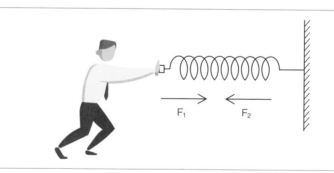

$$F_1 \qquad F_2$$

그림 121 작용과 반작용

또, 우리 몸에 Q의 열이 가해져도 체온은 일정하게 유지되는데 이것은 신체의 방열작용에 의한 것이다. 여기서 가해진 열량, 즉 작용과 방열작용, 즉 반작용에 의한 열량은 흐름의 방향은 반대이고 크기는 같다. 이와 마찬가지로 전자기 현상에는 페러데이의 법칙이 있다.

그림 122 뉴턴

어떤 도체에 자속이 인가되면 인가된 자속의 변화를 방해하려는 유도자속이 발생된다. 즉 최초의 상태가 유지되도록 작용한다.

또, 전력계통에서 주파수가 감소하면 부하의 소비전력이 감소하여 주파수 감소에 저항하고 주파수가 증가하면 부하의 소비전력이 증가하여 주파수 증가에 저항하는 현상을 부하의 주파수 특성이라 하는데 이것도 작용과 반작용으로 설명할 수 있다. 발전소에서는 터빈 주증

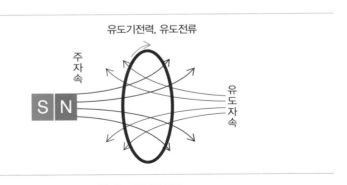

그림 123 페러데이 법칙

그림 124 패러데이

기 제어밸브의 개도가 증가하여 증기량이 증가하면 주증기 압력이 저하하여 증기량의 증가를 억제하며 터빈의 구동력에 대항하여 발전기에는 제동력이 발생한다.

이와 같이 물리현상을 비롯하여 자연계의 여러 가지 현상은 그 현상의 원인, 즉 작용을 억제하는 방향으로 일어난다.

즉, 자연계는 결과가 원인을 완화하는 부궤환(Negative Feedback)에 의하여 안정이 유지되고 있는 것이다. 역학에서는 이것을 작용과 반작용의 법칙, 화학에서는 르 샤트리에(Le Chatelier)의 정리, 제어공학에서는 부궤환 제어 등으로 공통된 개념이 내포되어 있다.

그러나, 도리어 작용을 조장하는 방향으로 일어나는 예도 있는데 공진현상은 좋은 예로서, 원인이 결과로 되고 결과가 다시 그 원인으로 되는 정궤환(Positive Feedback)이다.

나. 두 점간의 힘

뉴튼은 행성이 태양 주위를 회전하는 운동에 대하여 연구하던 도중 "중력의 법칙"을 발견하였는데 다음과 같이 기술된다.

"우주에 존재하는 물질을 이루는 모든 입자는 다른 모든 입자를 질량의 곱에 정비례하고 거리의 제곱에 반비례하는 힘으로 끌어당긴다."

F_g를 입자에 작용하는 힘의 크기, M_1과 M_2를 각 입자의 질량, r을 두 입자의 거리, G를 중력상수라 하고 이를 식으로 나타내면 다음과 같다.

$$F_g = G\,\frac{M_1 \cdot M_2}{r^2}$$

쿨롱의 법칙에서 두 전하 Q_1, Q_2 사이의 거리 및 자하 m_1, m_2 사이의 거리를 r, 비례상수를 k_1이라 하고 두 전하와 두 자하에 작용하는 힘 F를 식으로 나타내면 다음과 같다.

그림 125 쿨롱

$$F = k_1 \frac{Q_1 \cdot Q_2}{r^2}$$

$$F = k_1 \frac{m_1 \cdot m_2}{r^2}$$

또, 암페어의 법칙에 의하면 자계는 도선에 흐르는 전류의 크기에 비례한다. 따라서 전류 I_1에 의한 자속을 m_1, 전류 I_2에 의한 자속을 m_2라 하면 전류가 흐르는 서로 평행한 두 도선 간에 작용하는 힘은 다음과 같다.

$$F = k_1 \frac{I_1 \cdot I_2}{r^2}$$

그림 126 암페어

상기에 기술한 바와 같이 역학계와 전기계의 힘은 거리의 제곱에 반비례하는 역제곱의 법칙이 성립하는 유사성이 있다.

2. 회전자계와 발전기

가. 동기발전기

〈그림 127〉에서 핸들을 이용하여 회전부를 N_0의 속도로 반시계 방향으로 구동하면 정지해 있던 정지자계는 N_0인 회전자계로 되고, 부하(도체)는 회전부와 등속도로 회전한다. 부하의 속도가 회전부의 속도와 다르면 경우에 따라 흡인력과 반발력이 번갈아 작용하여 평균하면 0으로 되므로 부하는 정지한다.

즉, 부하의 속도와 회전자계의 속도가 같은 경우에만 부하는 회전을 계속한다. 이와 같이 부하와 회전부는 기계적으로 결합되어 있지 않아도 자기적으로 결합되어 회전자의 운동이 부하에 전달된다. 부하가 회전자계와 같은 속도로 회전하면 주기가 동일하므로 이것을 동기(同期)라 하며 주기가 같으므로 주파수도 같다. 또, 회전자계의 속도를 동기속도라 하며 이를 이용한 발전기를 동기발전기(同期發電機)라 한다.

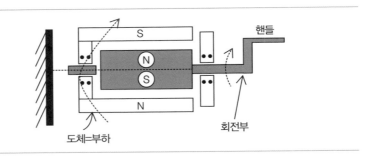

그림 127 동기발전기 원리

또, 부하는 회전자를 추종하므로 양자 간에는 일정한 위상차가 발생한다.

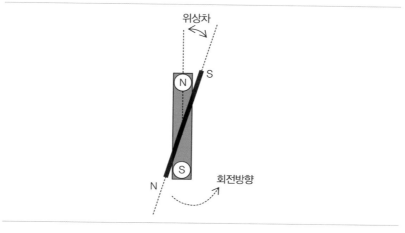

그림 128 위상차

지금 일정한 부하가 인가된 상태로 동기되어 있는 경우, 회전자와 부하의 상대적 위치, 즉 위상차는 〈그림 128〉과 같이 나타낼 수 있다.

이 때, 부하의 무게가 증가하면 위상차는 커지고, 더욱더 증가하여 회전자와 부하간의 흡입력보다 커지게 되면 자기결합(磁氣結合)은 붕괴되고 안정운전을 할 수 없다. 이것을 탈조라 한다.

〈그림 129〉에 동기발전기의 구조를 간단히 표시하였다. 동기발전기는 계자를 인위적으로 공급하는 장치와 속도조정장치가 있어야 하며 기력 및 양수 등 주로 대용량 발전기에 활용된다.

그림 129 동기발전기

나. 유도발전기

〈그림 130〉에서 최초의 정지 상태에서 자석의 자속을 ϕ_1이라 하면 ϕ_1은 N극에서 출발하여 원판을 관통하여 S극에서 끝난다. 자석이 회전하면 원판이 ϕ_2을 자르는 결과로 되므로 페러데이의 법칙에 의하여 원판에는 전압이 유기되고 이에 따라 와전류가 유도된다.

전류가 있으므로 암페어의 오른나사 법칙에 의하여 자속이 발생하

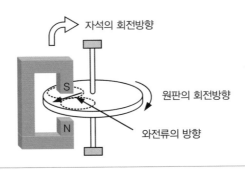

그림 130 아라고 원판

그림 131 아라고

고 이것을 ϕ_2라고 하면 ϕ_1과 ϕ_2가 결합하여 흡인력이 발생된다. 자석이 N_o의 속도로 오른쪽으로 회전하면 원판은 자석보다 작은 속도로 회전한다.

또, 〈그림 132〉에서 핸들을 이용하여 회전부를 N_o의 속도로 반시계 방향으로 구동하면 정지해 있던 정지자계는 N_o인 회전자계로 되고, 부하(도체)는 회전자보다 작은 속도로 회전한다.

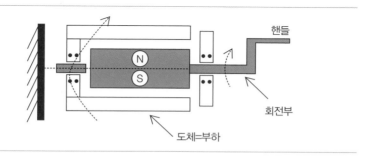

그림 132 유도발전기 원리

그림 133 유도발전기

이와 같이 부하와 회전부는 기계적으로 결합되어 있지 않아도 자기적
으로 결합되어 회전부의 운동이 부하에 전달된다. 회전부, 즉 회전자계
의 속도를 동기속도라 하며 회전부와 부하의 속도차를 미끄럼(Slip)이
라 하고 이를 이용한 발전기를 유도발전기(誘導發電機)라 한다.

〈그림 133〉에 유도발전기의 구조를 간단히 표시하였다. 유도발전
기는 고정자에 전류가 흘러서 회전자에 자속이 유도되며 전압조정장
치와 속도조정장치가 불필요하고 소수력 및 풍력 등 주로 소용량 발전
기에 적용된다. 유도기는 비동기기(非同期機)라 하며 보통 전동기로
많이 쓰인다.

3. 회전력과 제동력

터빈은 부하에 교류 전력을 공급하는 동기발전기(Synchronous
Generator)를 구동하는 원동기(Prime Mover)로서 수력터빈, 원자력
터빈, 가스터빈 등이 있다. 터빈을 통과하는 물, 증기, 연소가스 등의

작동유체의 에너지가 기계적으로 터빈의 축에 전달되고 이는 발전기
에서 계자자속에 의한 회전자계를 형성한다.

고정자와 회전자의 자계는 상호 구속하는 방향으로 결합되고 이로
인하여 전자기적 토크가 발생된다. 이 토크는 회전자의 운동과 반대
방향으로 작용하므로 회전운동을 지속하려면 원동기, 즉 터빈에 의하
여 기계적 토크가 인가되어야 한다.

발전기의 출력인 전기적 토크(제동력)를 변화시키려면 원동기의 기
계적 토크(구동력)를 변화시켜야 한다. 기계적 토크가 증가하면 고정
자의 회전자계에 대하여 새로운 위치로 회전자가 앞서간다.

역으로, 기계적 토크가 감소하면 회전자가 뒤진다. 정상상태에서는

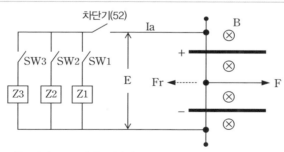

B : 지면으로 들어가는 자속밀도
L : 도선의 유효길이
F : 원동기 구동력 P=Fv
E : 페러데이 법칙 및 플레밍의 오른손 법칙에 따른 유기기전력
E=KΦN
Ia : 52 및 SW 투입에 따른 부하전류
Fr : 플레밍의 왼손 법칙에 따른 도선의 제동력 Fr=IBL
I상실시 IBL 즉, 제동력이 없으므로 속도증가

그림 134 회전력과 제동력

회전자와 고정자는 동일 속도로 회전하나 일정한 위상차를 유지한다.

즉, 정상 운전시 터빈은 증기의 유량에 직접 비례하는 기계적 회전력(〈그림 134〉의 F)을 발생하게 되며, 터빈과 발전기에서 발생되는 풍손 및 마찰손 등의 손실을 무시하면 이 구동력과 같은 크기의 제동력(〈그림 134〉의 Fr)이 발전기에서 발생되어 터빈·발전기는 일정속도로 운전된다.

제동력은 회전자 전류(I_f)에 의한 계자자속과 고정자 부하전류(I_a)에 의한 전기자 자속간의 인력으로서 다음과 같이 표시된다.

$$F = K \times I_a \times I_f$$

계통병입 이전 승속 중에는 터빈 증기유량이 손실보다 크고, 일정속도에서 터빈의 구동력은 손실과 일치하며 관성으로 회전하고 있다. 계통병입, 즉 차단기 투입 이후, 속도가 일정하다면 터빈의 구동력은 발전기 제동력과 무부하 손실의 합과 같다.

이 때, 부하가 투입되면 전력계통의 임피던스 감소로 발전기 전류(I_a)가 증가한다. 따라서, 부하가 증가하면 제동력, 즉 감속 에너지가 증가하므로 이로 인하여 구동력과 제동력에 불균형(제동력〉구동력)이 발생되고 〈그림 135〉와 같은 수하특성(垂下特性)에 따라 회전수가 감소한다.

이 수하특성은 계통 주파수는 물론 주증기 압력, 주증기 온도 및 급수탱크 수위 등에도 동일하게 나타나는 현상으로 초기 상태의 변화를

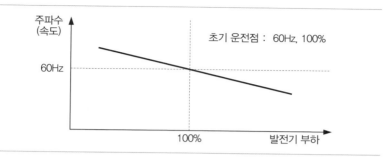

그림 135 주파수의 수하특성

거부하는 관성(慣性)에 기인하는 것이며 자기조정능력이라는 용어로 설명된다. 〈그림 136〉에서 급수탱크를 예로 들면 초기 정상상태에서 유입량과 유출량이 일정하면 수위도 일정하다.

그런데 유출밸브의 개도를 증가시키면 유출량이 증가하고 이에 따라 수위가 감소한다.

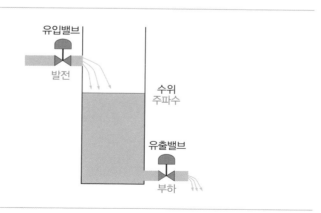

그림 136 급수탱크 수위

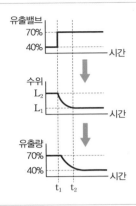

그림 137 유출밸브, 수위, 유출량

〈그림 137〉에 나타낸 바와 같이 수위 감소는 곧 수압 감소로 이어지고 동시에 유출량도 감소하게 되어 유출량과 유입량이 동일한 새로운 수위, 즉 평형점에서 운전된다.

제어범위가 충분히 넓은 경우에 유출량과 유입량이 동일한 새로운 수위에서 평형되는 제어계 현상을 자기조정능력이라 하며 이러한 프로세스를 Self Regulation Process 또는 Process with Compensation이라 한다.

4. 전력계통과 주파수

전력계통에 있어서 주파수의 변동은 유효전력 수급 불균형의 결과로 나타난다. 즉, 유효전력의 발생량이 소비량보다 많으면 주파수는 상승하고, 반면 발생량이 소비량보다 적으면 주파수는 낮아진다. 따라서 유효전력의 수급조절이 곧 주파수 제어이다.

주파수 변동의 영향은 전국적으로 나타나므로 인체에서 심장의 맥박과 비유되며 전압은 국지적으로 변동하므로 인체의 체온에 비유된다. 무효전력의 수급 불균형은 전압의 변동으로 나타나고 순시에 이행되는 특성이 있으나 유효전력의 수급 불균형에 의한 주파수 변동은 새로운 주파수에서의 안정시간이 다소 길다.

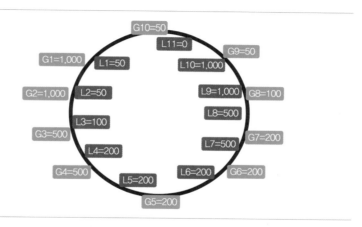

그림 138 전력계통의 발전력과 부하 구성 개념

〈그림 138〉은 전력계통의 전원과 부하의 구성을 개념적으로 나타내고 있다. G는 발전력 즉, 구동력을 나타내고 있으며 L은 전등 또는 모터 등의 부하 즉, 제동력을 나타내고 있다. 주파수는 물리적으로는 산재되어 있으나 전기적으로는 결합되어 있는 발전력과 제동력의 힘의 균형을 나타내며 f를 주파수라 하면 다음과 같은 관계가 있다.

$$\Sigma G = \Sigma L \text{이면,} \quad f = 60\text{Hz}$$

$$\Sigma G > \Sigma L \text{이면,} \quad f > 60\text{Hz}$$

$$\Sigma G < \Sigma L \text{이면,} \quad f < 60\text{Hz}$$

가. 주파수 제어의 필요성과 목표

먼저 전력계통의 주파수를 제어한다는 것이 왜 필요한가에 대해서 생각해 보기로 하자. 이 필요성에 대해서는 수용가 측에서 보는 경우와 계통 운용 측에서 보는 경우의 두 가지로 나누어 볼 수 있다.

우선 계통 운용자 측에서 볼 경우 계통 주파수가 일정 값으로 유지된다면 다음과 같은 이점이 있다.

① 안정된 주파수는 전기의 질을 나타내는 전압 조정을 용이하게 한다. 이것은 주파수 변동이 곧 전압 제어계의 외란의 하나이기 때문이다.

② 주파수 및 전압의 변동이 감소됨으로써 계통의 안정도가 향상되어, 신뢰도가 높은 전기를 공급할 수 있게 된다.

③ 계통의 주파수가 안정되어 있으면 발전기의 조속기에 의한 속도 조정이 용이하게 되며, 특히 최근 대용량 화력발전소에 있어서도 속도 조정이 안정화됨으로써 보일러 및 터빈 계통의 열 흐름을 원활하게 하여 열응력의 문제 등을 경감시킬 수 있고, 나아가서 터빈 축의 기계적 진동 문제도 경감할 수 있다.

④ 연락선을 흐르는 전력 조류는 주파수의 변동에 따라 변화하는 것이므로 만일 주파수가 일정하게 유지된다면 연락선 조류의 변화도 안

정화되어서 계통의 연계 운전을 원활하게 운영해 나갈 수 있다.

한편, 수용가 측에서의 필요성을 든다면,

① 전력의 질의 향상은 모든 전력 이용자가 양질의 전기를 안정적으로 사용할 수 있게 한다. 특히 최근 공장의 각종 자동화가 고조되고 있음에 비추어 그 기본인 전력의 질을 좋게 한다는 것은 큰 효과가 있다.

② 전동기 등을 사용하고 있을 경우에는 그 회전 속도가 거의 일정하게 되어 제품의 품질이 향상된다.

③ 일반 가정에서 전기 시계 등을 사용할 경우에는, 우선 그 정도(精度) 주파수를 되도록 일정하게 유지하는 것이 바람직하다. 특히 최근에는 전자계산기가 많이 보급되어 있으므로 주파수를 일정하게 유지하는 것이 더욱 절실한 문제로 대두되고 있다.

이와 같이 수용가 측과 계통 운용측에서 다 같이 주파수가 일정 하게 유지되면 될수록 좋다는 것은 분명하지만, 구체적으로 어느 정도(精度)의 주파수가 요구되고 있는가에 대해서는 그 값을 얼마라고 직접 밝힐 수는 없다.

그러나 대략 수용가 측에서 본 주파수 편차의 허용 한도는 $\pm 0.5 \sim \pm 1.0$Hz 정도, 계통 운용측에서는 특히 연계 운전 때문에 ± 0.1Hz 정도로 유지해야 한다고 말하고 있다. 우리나라 전력거래소는 주파수 제어의 목표를 60 ± 0.1Hz 유지로 두고 있으며 전기사업법에서는 60 ± 0.2Hz의 변동을 허용하고 있다.

나. 주파수 변동의 원인

전력계통의 주파수는 다음에 나타낸 바와 같이 발전기 입력 P_{in}과 출력 P_{out}와의 차, 즉 계통 전체의 발전력과 수용 전력과의 사이에 불평형이 생겼을 경우에 변동하게 된다.

$$\frac{M}{f}\frac{df}{dt} = P_{in} - P_{out}$$

단, M : 계통의 관성정수

구체적으로 말하면 부하 L[MW], 주파수 f_0[Hz]로 운전되고 있는 계통의 부하가 갑자기 ΔL[MW]만큼 감소했다고 하면, 조속기의 응동 전에 ΔL[MW]의 부하 감소에 의하여 계통 주파수가 상승하고 이때의 주파수 편차 Δf[Hz]는 다음 식으로 표시된다.

$$\Delta f = \frac{1}{k}\frac{\Delta L}{L}(1 - e^{-\frac{t}{T}})(Hz)$$

단, K : Δf에 의해서 부하의 변화를 주는 계수

　　T : 계통의 시정수

주파수의 변화를 초래하는 원동기 입출력 사이의 불평형을 생기게 하는 원인으로서는 다음과 같은 것들을 들 수 있다.

① 부하 변동

② 수차의 흡출관, 수압관 내에 발생하는 수력학적 진동 및 낙차의 변동

③ 원동기의 조속기 동작 특성의 상이, 기타에 의한 계통 내 동기기 사이의 동기화력의 변동

④ 조속기 자체의 난조(Hunting)

⑤ 계통전압의 변동에 의한 부하의 변동

⑥ 계통 사고

이들 원인에 의한 주파수의 변동은 계통용량에 따라서도 다르겠지만, ②~⑤의 원인에 의한 주파수의 변동 폭은 일반적으로 작은 것이다. 한편 계통 사고에 의한 것은 그 변동 폭은 너무 커서 별도로 고려해야만 한다는 것이 보통이다.

따라서 주파수 조정의 대상으로 되는 것은 주로 부하의 변동에 의한 주파수 변화라고 할 수 있다. 그런데 이 부하 변화에 대해서 생각하여 본다면, 이것은 다음과 같이 나누어진다.

① 연차적인 수요 증가

② 월 단위 또는 계절 단위로 일어나는 부하의 변화

③ 시간 단위로 일어나는 부하의 변화

④ 분 단위 또는 초 단위의 부하 변화

다. 부하 변동의 특성

위의 기술한 바와 같이 주파수 변동의 주원인은 수용 부하의 변동이므로, 그 변동 특성을 조사하고 그것을 적절한 형식으로 표현함으로써 계통의 소요 조정 용량, 조속기 등의 적절한 제어 분담 특성, 제어 장치의 응동 특성 등을 결정하는 귀중한 데이터로 사용할 수 있다. 부하 변동과 주파수 변동과의 사이에는 다음과 같은 관계식이 성립한다.

$$\Delta f = G(s)(\Delta G - \Delta L)$$

단, $G(s)$: 전력계통의 전달 함수

ΔG : 발전력 변화 [MW]

ΔL : 부하 변동 [MW],

여기서 일반적으로,

$$G(s) = \frac{1}{K(Ts+1)}$$

단, K : 계통 특성 정수[MW/Hz]

T : 계통 시정수[초]

로 표현되고 있으며, 통상 $T < 10$초이므로 주기 $p > 2\pi T \fallingdotseq 60$초, 즉 60초 보다 완만한 주기의 부하 작용에 착안할 경우에는

$$\Delta f \fallingdotseq \frac{1}{K}(\Delta G - \Delta L)$$

로 나타낼 수 있게 된다. 따라서,

$$\Delta L \fallingdotseq \Delta G - K\Delta f$$

로 된다. 만일 이 때 주파수가 변화하더라도 발전력을 조정하지 않는다고 하면,

$$\Delta L \fallingdotseq -K\Delta f$$

로 되어, 주파수 변동 Δf를 연속적으로 관측함으로써 부하 변동

ΔL을 측정할 수 있을 것이다. 이 경우에 계통 특성 정수 K가 중요한 역할을 하고 있음을 알 수 있다.

라. 부하의 주파수 특성

전력계통의 주파수가 저하하면 원동기의 경우 회전수가 저하하여 부하의 소비전력이 감소하고 발전기의 경우 전압이 저하하여 전등부하가 감소한다. 이와 같이 주파수가 변동할 경우 부하의 소비전력이 변하여 주파수 변동을 억제하는 것을 부하의 자기제어성이라 하며 〈그림 139〉에서 주파수가 df 만큼 저하할 경우 부하는 dL 만큼 감소한다.

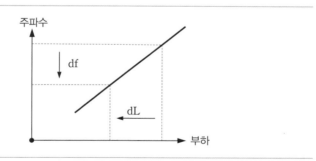

그림 139 부하의 주파수 특성

dL/df＝K_L로 표시하고 K_L을 부하의 주파수 특성정수라 하며 일반적으로 1Hz당 MW 또는 계통부하 총량에 대한 백분율 [%MW/Hz]로 표시한다. 경험에 의하면 주파수가 1% 감소하면 전동기 부하는 3% 정도 감소하고 계통 전체의 부하는 2% 정도 감소한다.

마. 발전기의 주파수 특성

주파수가 저하할 경우 발전기의 조속기가 회전수를 검출하여 기계적 입력을 증가시켜 발전기 출력이 증가하고, 주파수가 상승할 경우 기계적 입력을 감소시켜 발전기 출력이 감소하는 특성이다. 〈그림 140〉에서 전력수요의 증가 또는 전원 탈락으로 주파수가 df 만큼 저하하면 발전력은 dP만큼 증가한다. $dP/df = K_g$로 표시하고 K_g를 발전기의 주파수 특성정수라 한다.

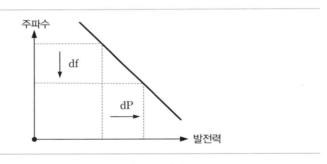

그림 140 발전기의 주파수 특성

바. 전력계통의 주파수 특성

전력계통의 주파수 변동은 발전기와 부하의 주파수 특성에 의하여 억제되는 특성이 있으며 『$K_L + K_g = K$』를 전력계통의 주파수 특성정수라 한다. K_g, K_L 값은 전력계통의 용량, 발전기의 특성, 부하의 특성에 따라 시시각각 달라지지만, 전력계통에 연결되어 있는 발전원의 특성이나 부하의 특성이 비교적 일정하다고 가정하면 $\%K_g$, $\%K_L$ 값

을 사용하여 주파수 변동과 총발전량, 총수요량 변동의 관계를 예측
할 수 있다.

주파수 조정 운전을 하는 터빈·발전기가 계통에 많이 연결되어 있
을수록, 속도조정율이 작을수록 $\%K_g$는 크게 되고, 부하 측에는 전동
기 부하가 많을수록 $\%K_L$이 크게 되는 특성을 갖는다.

〈그림 141〉에서 전력계통이 안정 상태에서 주파수 f_0로 ①에서 운
전하다가 부하가 dL_1 만큼 증가한 경우 부하의 자기제어성이 없다면
주파수는 df_1 만큼 감소하여 정상상태 운전점은 ②로 이동한다.

그러나 실제로는 부하 증가와 거의 동시에 나타나는 자기제어성에
의하여 소비전력이 dL_2 만큼 감소하고 주파수는 df_2 만큼 상승하여 평
형을 이루어 운전점은 ②를 거치지 않고 바로 ③으로 이동한다.

이 때 조속기는 주파수 편차가 불감대를 초과하는 즉시 검출하여 편
차를 연산한 다음 발전기 출력을 dP_3 만큼 증가시키므로 주파수는 df_3

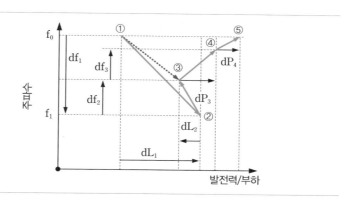

그림 141 전력계통 주파수 특성

만큼 증가하여 운전점은 ④로 이동한다. 이후 정격주파수 회복을 위해 전력거래소의 자동발전제어 또는 발전소의 운전원에 의하여 조속기의 부하기준치를 조절하여 발전력을 dP_4 만큼 증가시키면 운전점은 ⑤로 되고 주파수는 f_0에 복귀한다.

주파수가 원점으로 복귀되었으므로 $dL_1 = dP_3 + dP_4$의 관계가 있다. 계통 수요가 증가하여 주파수가 저하하면 소비전력이 감소하고 발전력이 증가하여 주파수 저하를 억제하며, 계통 수요 감소시에는 발전력 저하 및 소비전력 증가로 주파수 변동을 억제하는 특성을 전력계통의 주파수 특성이라 하며 자연 현상의 『작용과 반작용』과 유사하다.

사. 전력계통 주파수 제어

산업화된 현대사회에서 필요한 에너지 중 많은 부분이 전기에너지의 형태로 공급되고 있으며 전기에너지를 생산, 공급하는데 가장 중요한 일은 정전 없이 정주파수, 정전압의 전력을 공급하는 것이다. 안정적으로 전력을 공급한다는 것은 전력계통의 모든 발전기 및 부하가 서로 평형상태를 유지하며 전력을 수수하고 있음을 의미한다.

통상 전력계통에서는 동기발전기를 사용하고 있으므로 전력계통내의 발전기가 정상상태에 있으면 모든 발전기들은 전자기적으로 결합되어 전기적으로 동일 속도, 즉 동기속도로 운전되며 부하에 전력을 공급하고 있다.

안정된 부하 분배 계통에서는 일정한 주파수가 반드시 필요하며 동기발전기의 특성으로 인하여 부하 증가시 회전수가 감소하고 부하 감소시 회전수가 증가하는 특징이 있다.

즉, 기계입력과 전기출력의 양이 동일하면 속도변화는 없으며, 동일 기계입력에서 전기출력이 변화하면 기계입력과 전기출력의 편차로 인하여 속도변화가 발생한다.

전력계통의 부하는 동력, 조명, 취사, 난방 등 여러 가지 부하로 구성되어 끊임없이 변동하고 있는데, 변동폭은 작으나 작은 진폭과 주기를 갖는 맥동성분과 불규칙한 변동성분이 중첩하는 미소 변동분, 단주기 변동분, 장주기 변동분으로 나누어 볼 수 있다.

① 계통의 자기제어 특성

순시적 변동특성을 지닌 부하변동 가운데 10초 정도 이하의 주기 및 진폭이 작은 성분은 발전기의 조속기가 갖는 불감대와 시간지연이 있으므로 부하의 자기제어 특성 및 발전기의 회전에너지 방출에 의하여 어느 정도 흡수되므로 전 계통적으로는 주파수의 미소변동으로 나타난다.

② 조속기의 부하추종운전

10초 정도에서 2~3분 정도의 주기를 가진 단주기 동요성분(〈그림 144〉 C 부분)은 전기로, 전기철도 등에 의해 일어나는 급격한 부하변동으로 조속기의 부하추종운전에 의하여 대부분 흡수된다. 그러나 조속기는 비례제어를 사용하고 있으므로 주파수 제어상 잔류편차가 존재한다.

즉, 실계통 주파수와 표준 주파수의 편차를 각 발전기가 검출하여 그 편차가 최소가 되도록 발전기 출력을 조정하는 방식이 비례제어를 채택한 조속기의 부하추종 운전이며 원격 제어장치는 필요하지 않다.

또한 제어장치도 간단하나 제어 개소가 다수 존재하는 경우 제어 장치간 간섭에 의해 헌팅의 소지가 있으며 또한 경제부하 배분제어가 불가능한 결점이 있다. 전력계통에 병렬운전 중인 조속기는 반드시 비례제어를 사용해야 하므로 주파수를 정격주파수로 되돌릴 수 없으며 변동하는 주파수에 대응하여 끊임없이 운전할 뿐이다.

발전기 부하 변화에 따른 주파수 변동을 극복하기 위해서는 속도변화를 검출하여 터빈의 작동유체(증기, 물, 연소가스)를 제어해야 한다. 터빈 조속기의 부하추종 운전의 순서는 다음과 같다.

수용가 전원 투입 → 병렬회로 증가 → 계통 임피던스 감소 → 고정자 전류, 즉 발전기 출력 증가 → 계자전류와 부하전류간 쇄교자속 증가 → 발전기 제동력 증가 → 터빈·발전기 속도 감소 → 속도 검출 → 속도편차 연산 → 증기요구량 증가 → 증기밸브 개도요구량 증가 → 서보밸브 전류 증가 → 고압 작동유 유량 증가 → 증기 제어밸브 개도 증가 → 속도 및 전력 위상각 증가 → 구동력과 제동력의 평형 확립 → 주파수 회복

부하추종 운전시에는 속도편차에 의하여 증기 조절밸브의 개도변화로 터빈으로 유입되는 증기량이 변동하므로 이는 보일러 제어계에 외란으로 작용한다.

③ 자동발전제어

전력계통 주파수제어의 경우, 부하변동으로 생기는 주파수 변동을

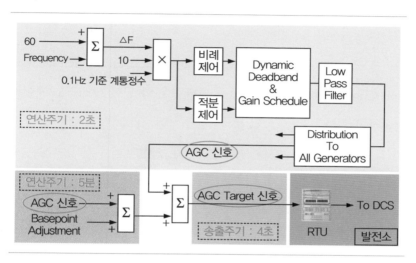

그림 142 AGC에 의한 주파수제어 회로

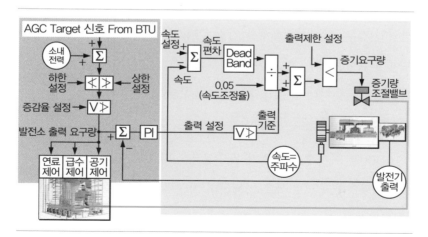

그림 143 AGC에 의한 기력발전기 출력 조정

상시 감시하여 주파수가 규정값 이내로 유지되도록 발전기 출력을 제어해야 한다. 주파수를 개별적으로 제어하는 부하추종운전 상태에서는 모든 조속기가 비례제어를 사용해야 하므로 반드시 잔류편차가 존재한다.

이를 극복하기 위한 것이 자동발전제어(AGC:Automatic Generation Control)이며 〈그림 142〉에 나타낸 바와 같이 비례적분 제어를 사용하고 있다.

〈그림 144〉의 C 부분에 나타낸 2~3분 이상의 장주기 동요성분(주파수 편차)은 공장의 기동 정지 등에 의해 일어나는 완만한 부하변동이며 AGC의 비례적분 제어기의 입력신호로 작용한다. 이 후 자동발전제어 장치가 동작하여 병렬운전 중인 모든 조속기의 출력설정치(무부하 속도 설정치)를 변경시켜서 주파수를 표준주파수로 되돌린다.

자동발전제어는 전력계통내 수급변동 등의 요인으로 주파수 변동이 발생될 경우 변동된 주파수를 기준 주파수로 회복시키기 위해 전력계통에 필요한 전력량 및 각 발전기별 출력을 산정하고, 그 정보를 해당 발전기에 전송하여 발전기 출력을 자동으로 제어한다.

④ 경제부하 배분

10~20분 이상으로 장주기 동요성분은 비교적 큰 부하변동이며 피크발생 등 어느 정도 예측 가능하며 경제부하 배분장치에 의한 AGC의 동작으로 조속기 출력설정치를 변경하여 흡수한다. 경제부하 배분은 발전기별 최적 출력 배분값(유효출력)을 기준으로 계통주파수를

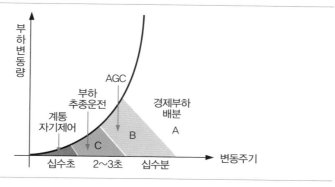

그림 144 변동주기에 따른 제어분담

자동으로 조절하면서 전체 연료비가 최소로 되도록 자동발전제어 신호를 통하여 발전기 출력(유효출력)을 자동으로 제어하는 기능이다.

아. 대전원 탈락시 복구과정

주파수가 감소하면 회전체에 축적된 운동에너지 방출 및 조속기의 작용으로 발전기 출력이 상승하고 주파수는 회복되나 정확하게 이전 주파수에 복귀되는 것은 아니고 새로운 운전점 즉, 당시 수급 상황 및 터빈 조속기의 이득 등에 따라 결정되는 지점에 도달하여 계속 운전된다.

따라서, 전원 탈락으로 주파수가 일시적으로 크게 감소한 경우, 전력수요가 일정하면 부하의 자기제어성과 회전체 에너지 방출 및 조속기의 동작에 따라 표준주파수(60Hz)와 최저주파수 사이의 어떤 주파수에서 운전되며, 조속기의 출력설정치 증가 등의 조작이 없으면 부하추종운전 만으로는 **60Hz**로 회복될 수 없다.

이것은 발전기가 계통에 병입되면 터빈의 속도제어, 즉 주파수 제어는 적분제어를 사용할 수 없고 비례제어를 사용하기 때문에 나타나는 현상이다.

적분제어를 사용할 경우 주파수의 지속적인 저하시 증기터빈은 증기량 조절밸브 개도가 계속 증가하여 에너지 발생장치가 불안정해지기 때문에 비례제어를 사용하므로, 이때 반드시 잔류편차가 발생한다.

이것을 설명하기 위하여 부하가 계단적으로 ΔL만큼 증가한 경우를 함수로 나타내면 다음의 식과 같다.

$$\Delta L(s) = \frac{\Delta L}{s}$$

또, R을 속도드룹, T_G를 제어밸브 시정수, T_{CH}를 증기실 시정수, M을 회전체 관성정수, D를 제동계수, ω를 속도라 하면 조속기와 터빈의 모델은 다음의 〈그림 145〉와 같이 나타낼 수 있다.

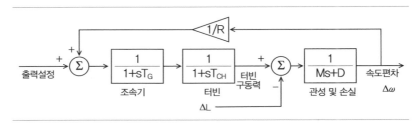

그림 145 조속기-터빈 모델

따라서 속도편차는 다음과 같이 표현된다.

$$\Delta\omega(s) = L(s) \cfrac{\cfrac{1}{Ms+D}}{1 + \cfrac{1}{R}\left(\cfrac{1}{1+sT_G}\right)\left(\cfrac{1}{1+sT_{CH}}\right)\left(\cfrac{1}{Ms+D}\right)}$$

위의 식에 최종치 정리를 적용하면 정상상태 속도편차는 다음과 같이 된다.

$$\Delta\omega(s) = \lim_{s \to 0} s\Delta\omega(s) = \cfrac{\cfrac{\Delta P_L}{D}}{1 + \cfrac{1}{R}\cfrac{1}{D}} = \cfrac{\Delta P_L}{\cfrac{1}{R}+D}$$

위의 식에서 알 수 있듯이 조속기에 의한 제어만으로는 정상상태 오차를 영으로 만들 수 없다. 따라서 정상상태 잔류편차를 제어하기 위해서는 비례제어의 바이어스를 조정해야 한다. 이를 위하여 조속기의 출력설정치를 운전원이 수동으로 조작하는 방법과 AGC에 의해 자동 제어되는 방법이 있다.

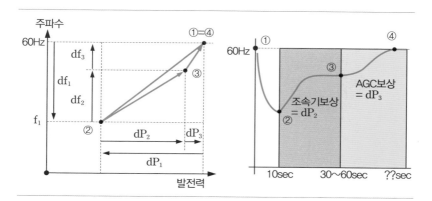

그림 146 주파수 저하시 회복 과정

〈그림 146〉은 대용량 전원 탈락시 주파수가 크게 저하한 후 회복되는 과정을 도식적으로 나타낸 것이다. 발전력이 dP_1만큼 탈락한 경우 계통의 자기제어성에 따라 주파수는 df_1 만큼 저하한 다음 조속기의 부하추종운전에 의하여 발전력은 dP_2 만큼 증가하므로 주파수는 df_2 만큼 증가하여 정정된다. 그 후 AGC는 정상상태 주파수 편차 df_3를 검출하여 발전력을 dP_3만큼 증가시켜서 주파수를 60Hz로 회복시킨다.

① 주파수 저하시 운전 사례 1

〈그림 147〉은 대전원 탈락시 계통주파수가 59.68Hz까지 저하한 경우를 설명하기 위한 그림이다. 1999년 1월 29,800MW 전력수요에서 1,040MW의 전원이 계통 탈락한 경우의 전력계통 과도현상을

그림 147 대전원 탈락시 복구 과정

실측함과 아울러 복구한 그래프이다.

부하의 자기제어성 및 발전기 관성 구간(회전수 감소만큼 회전운동 에너지를 방출하여 출력보상)을 지나서 60초 까지는 주파수 추종운전 (부하추종운전) 중인 다수 발전기 조속기의 특성으로 출력이 상승하 였으나 이는 전원 탈락량인 1,040MW에 미치지 못하고 있다.

이 후 180초까지 운전 중인 발전기의 출력을 조정하고 있으나 주파 수는 회복되지 못하고 부하변동에 따라 상승과 감소를 반복하며 새로 운 주파수로 운전되고 있다.

따라서 180초 이후에는 대기 중인 양수발전기와 수력발전기를 기동 하여 주파수가 60Hz에 복귀하는 과정을 관찰할 수 있다. 양수발전과 수력발전을 기동한 것은 전력계통 전체를 1기 계통으로 취급한 경우, 운전원이 수동으로 출력을 증가시킨 것과 같은 의미이다.

위와 같이 다수의 발전기가 병렬로 운전되는 경우도 여러 변수를 고 려하여 합성하면 한 대의 발전기로 취급할 수 있으며 이것은 복잡한 전기회로망의 합성 임피던스를 구하여 단순하게 취급하는 것과 마찬 가지이다.

초기 65초 동안을 나타내고 있는 〈그림 148〉에 의하면 발전량 1,000MW가 탈락하자 주파수가 59.68Hz까지 저하되고 부하의 자기 제어성에 의하여 400MW가 감소되었으며 운전 중인 다른 발전기의 회전에너지 방출 및 조속기에 의하여 600MW가 보상되고 있다. 이에 따라 주파수는 약 59.71Hz에서 평형되어 운전되고 있다.

여기서, 발전원 탈락량[MW]을 G_L, 주파수 변동량[Hz]을 Δf, 조속기에 의한 발전량 증가분[MW]을 ΔG, 부하의 자기제어성에 의한 부하 감소분[MW]을 ΔL, 발전력 정수[MW/Hz]를 K_g, 부하의 자기제어 정수[MW/Hz]를 K_L이라 하면, 전력계통의 수급 불균형에 의해 나타나게 되는 주파수 변동량과 과부족 전력량의 상관관계는 다음과 같다.

$$G_L = (K_g + K_L)\Delta f, \quad \Delta G = K_g \cdot \Delta f, \quad \Delta L = K_L \cdot \Delta f$$

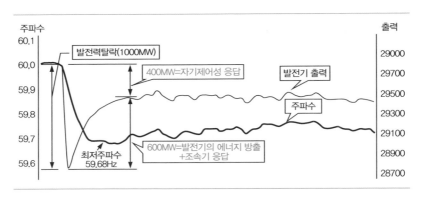

그림 148 대전원 탈락시 초기 계통 특성

〈그림 148〉에서 $\Delta f = 60 - 59.68 = 0.32$Hz, $G_L = 1{,}000$MW이고, $\Delta L = 400$MW 및 $\Delta G = 600$MW이므로 이를 적용하여 K, K_g, K_L를 구해보면 아래와 같다.

600MW $= K_g \cdot 0.32$ $\qquad\qquad \therefore K_g = 1{,}875$MW

400MW $= K_L \cdot 0.32$ $\qquad\qquad \therefore K_L = 1{,}250$MW

$1{,}000$MW $= (K_g + K_L) \cdot 0.32$ $\qquad \therefore K_g + K_L = 3{,}125$

여기서, $K_g=1,875[MW/Hz]$, $K_L=1,250[MW/Hz]$로 나타났지만, 당시 전력 수급량인 29,800MW를 100%로 환산한 단위를 사용하면, $\%K_g=0.061[\%MW/Hz]$, $\%K_L=0.042[\%MW/Hz]$인 것을 알수 있다.

② 주파수 저하시 운전 사례 2

〈그림 149〉는 2006년 4월 1일 제주지역 주파수 저하시 OO화력 내연 발전기의 운전을 실측한 그래프이다.

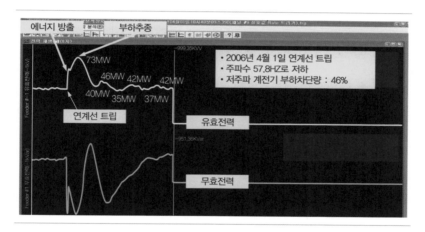

그림 149 제주계통 대전원 탈락시 발전기 출력변동(회전체 에너지 방출)

제주~해남간 연계선 송전전력 155MW 포함하여 제주지역 계통부하 348MW 운전 중 2번 연계선(77.5MW)이 트립되어 주파수 59.33Hz까지 저하하였다.

이 때 전 부하(40MW) 운전 중이던 OO화력 내연 발전기의 속도도

59.33 Hz까지 저하하고 입력되는 연료량은 일정하므로 감소된 속도만큼 즉시 회전에너지를 방출하여 발전기 출력이 수직으로 상승하는 양상이다.

그 이후 조속기가 속도저하를 검출하여 연료를 증가시켜서 발전기 출력이 일정한 기울기로 73MW까지 상승하는 양상을 보여주고 있다. 2번 연계선이 트립되고 20초가 경과된 후 1번 연계선이 차단되어 주파수는 57.8Hz까지 저하되고 부하차단 시스템이 동작되었다.

③ 주파수 저하시 운전 사례 3

〈그림 150〉은 2009년 6월 3일에 42,300MW 전력수요에서 2,923 MW의 전원이 계통 탈락하여 계통 주파수는 최저 58.82Hz로 저하한 경우의 전력계통 과도현상을 실측함과 아울러 복구한 그래프이다. OO원자력 1호기(976MW)와 OO원자력 4호기(1,037MW)가 동시 탈락하고 2초 후에 OO화력 2호기(740MW)가 탈락하고 이어서 4초

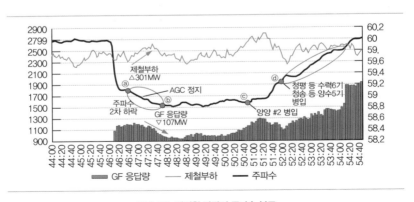

그림 150 대전원 탈락시 주파수 복구

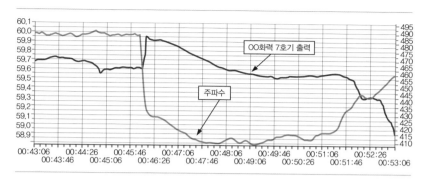

그림 151 대전원 탈락시 주파수 복구

후에 OO 복합화력 가스터빈 3호기(170MW)가 탈락한 경우이다.

발전력 탈락으로 주파수가 1차로 약 **59.1Hz** 까지 하락한 이후 순시 제철부하가 301MW 증가하고 동시에 부하추종 운전 응답량은 〈그림 151〉에 나타낸 바와 같이 기력발전소 주증기 압력 저하로 인하여 107MW 감소하여 주파수가 2차로 **58.82Hz** 까지 하락(ⓐ→ⓑ)하였다.

자. 터빈 · 발전기 역전력 보호

발전기가 계통에 연결된 상태에서 터빈에 유입되는 증기량이 터빈−발전기의 무부하 손실보다 적어지면 발전기는 전력계통에서 전력을 받아 동기전동기로 된다. 따라서, 터빈−발전기는 동기속도로 연속 회전한다.

이 상태가 지속되면 터빈 날개와 공기와의 마찰로 인한 풍손에 의하여 열이 발생하나 증기의 냉각능력이 풍손보다 작으므로 온도가 급속히 상승하여 선속도가 큰 최종단 회전날개가 문제로 된다. 따라서, 이러한 비정상 상태에서 터빈을 보호하기 위하여 일정 크기 이상의 역전력이 발생하면 차단기를 개방하고 터빈을 정지시킨다.

터빈·발전기의 역전력에 필요한 동력의 크기는 보통 증기터빈 3%, 가스터빈 5~20%, 디젤기관 25%, 수차 0.2~2% 정도이다.

표 6 증기터빈과 가스터빈의 역전력 설정치 예

터빈 종류	발전소 및 터빈용량	역전력보호 설정치 (MW/시간지연)	터빈정지 후 동작시간 측정		
			정지부하 (MW)	소요시간 (초)	날짜
증기 터빈	○○ #1 200MW	2.79 / 30초	15	7.68	'99.7
		2.79 / 5초(터빈트립)			
	○○○ #3 560MW	4.58 / 10초	480	7.76	'99.7
		4.58 / 3초(터빈밸브)			
	○○ #1 200MW	1.625 / 10초			
		1.625 / 3초(터빈밸브)			
	○○ #1 250MW	4.5 / 10초	40	11.03	'99.7
		6.0 / 3초(터빈트립)			
가스 터빈	○○○○ 160MW	6.4 / 10초			
		3.2 / 5초			
	○○○○ 100MW	2.15 / 5초	GT2 : 70	2.08	'99.4
		8.7 / 0.5초	GT2 : 75	1.75	'99.4
	○○○ #12 160MW	20.0 / 10초	GT8 : 64	0.4	'99.1
		3.0 / 1초(터빈제어 로직)			

12

CHAPTER

신재생 에너지와 주파수 조정

신재생 에너지와 주파수 조정

1. 개 요

전통적으로 우리나라를 포함하는 개발도상국과 산업화 국가들은 원자력, 석탄, 가스 발전이 주를 이루는 전력계통을 구성하여 운영해왔다. 하지만 최근 수년간 온실가스 감축에 대한 전 세계적인 관심으로 화석연료 기반 발전원의 축소와 친환경, 재생에너지 발전 확대에 대한 요구가 강해지고 있다.

우리나라도 2015년 파리기후 협약을 통해 합의한 감출목표를 달성하기 위해 '2030 에너지 신산업 확산 전략'을 발표하였다.

최근에는 '재생에너지 3020 이행계획'을 발표하고 2016년 기준 전체 발전량의 7% 수준인 신재생에너지를 2030년까지 평균 20%로 증가시키는 목표를 설정하였다.

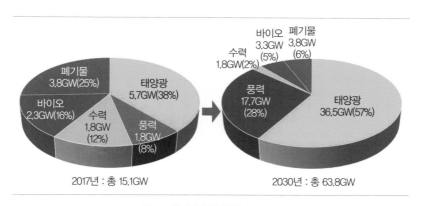

그림 152 우리나라 신재생원별 보급계획

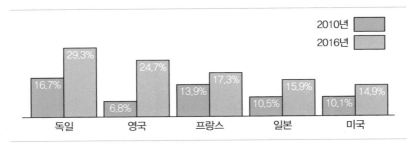

그림 153 주요국 신재생에너지 발전량 비중

이 목표치는 독일, 영국 등 신재생에너지 선진국의 비중에 버금가는 것이다. 저탄소, 친환경 에너지 전력계통으로 전환하려는 국가차원의 강력한 의지를 다시 엿볼 수가 있는 부분이다.

이와 같은 에너지 패러다임의 급속한 전환은 한국전력과 같은 전력계통 운영자에게 큰 부담을 줄 수 있다. 대형 화력발전소나 원자력발전소는 증기터빈이나 가스터빈이 연결된 동기발전기를 사용한다. 이 발전방식은 출력조절이 용이하다.

그래서 대다수가 중간출력으로 운전하다가 부하증가 시 즉시 추가 전력을 공급할 수 있도록 예비력(Reserve)을 확보하고 있다. 태양광이나 풍력발전으로 대표되는 신재생에너지는 기후에 영향을 크게 받으므로 발전량을 조절하는 것이 불가능하다.

그리고 보통 최대전력점 추종제어(MPPT:Maximum Power Point Tracking)에서 운전되므로 예비력 확보가 어렵다.

이 같은 신재생에너지의 제약사항은 에너지저장 기술의 도입을 가속화 시켰다. 최근에는 리튬이온 배터리를 활용한 배터리 기반 에너

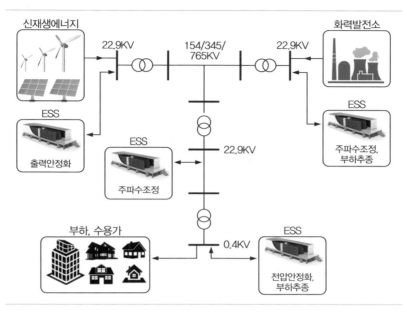

그림 154 전력계통 ESS 적용 예

지 저장장치(ESS:Energy Storage System)의 계통연계가 상용화 단계에 이르렀다. 배터리 기반 ESS는 전력계통의 다양한 부분에 적용되어 운영되고 있다.

2. 국내 전력계통 운영규정

가. 전력 수요와 공급에 따른 주파수 특성

전력계통 운영에 있어서 발전소에서 공급되는 전력과 부하에서 소모되는 전력을 일치시키는 것은 중요하다.

전력계통 운영자는 매순간마다 전력의 수요와 공급을 일치시켜야

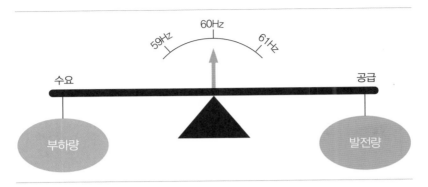

그림 155 전력수급에 따른 주파수변화 개념

한다. 〈그림 155〉에서 보는 바와 같이 전력수급의 일치여부는 계통 주파수를 통해 확인이 가능하다. 우리나라는 표준 주파수 **60Hz**를 채택하고 있다.

수급이 정확하게 일치하면 계통 주파수는 **60Hz**로 나타난다. 전력 공급이 수요보다 많으면(발전량 〉 부하량), 계통주파수는 **60Hz**보다 커진다. 반면 공급이 수요보다 적으면(발전량 〈 부하량), 계통주파수 는 **60Hz**보다 작아진다. 전력계통에 연계되어 운영되는 발전기나 전력을 공급받는 장치들은 표준주파수 **60Hz**하에서 정상작동 하도록 설계, 제작되었다.

주파수가 **60Hz**로 일정하게 유지되지 않으면 설비의 손상이나 성능저하를 야기할 수 있다. 주파수 요동이 심한 경우, 발전기의 기계적 손상으로 인한 출력감소, 비상정지 등을 유발 한다. 발전기 출력감소, 비상정지는 수급 불균형을 가속화시켜 계통사고 확대로 이어진다. 따라서 전력계통의 주파수를 안정적으로 유지하는 것은 계통운영 관점에서 매우 중요하다.

나. 계통 주파수 유지를 위한 국내 운영규정

계통의 주파수를 안정적으로 유지하기 위해서는 부하변화, 계통사고에 대비하여 유효전력을 안정적으로 공급하고 제어할 수 있는 예비력(Reserve) 확보가 필요하다.

우리나라는 전력거래소의 전력계통운영규칙에 따라 주파수 변화에 대하여 규정된 시간 내에 전력을 공급할 수 있는 운영예비력을 확보하고 있다. 특히, 순시로 주파수를 조정하는 예비력 1500MW를 확보

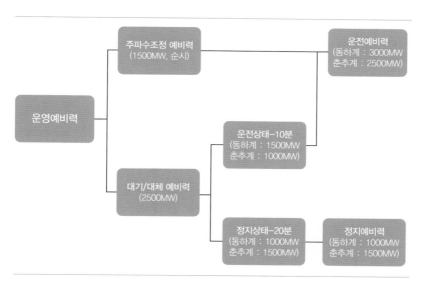

그림 156 국내 전력계통 운영예비력

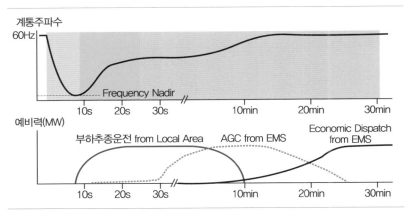

그림 157 국내 전력계통 운영예비력

하여 안정적인 계통주파수 유지에 활용하고 있다.

순시 주파수조정용 예비력은 주파수제어 예비력과 자동발전제어 (AGC:Automatic Generator Control) 예비력으로 구분된다. 주파수 제어 예비력은 각 화력발전소에서 제어된다. 실제 계통주파수와 표준 주파수(60Hz)의 편차를 감지하여 10초 이내에 응답을 시작하고 30초 이상 동작을 유지할 수 있다.

자동발전제어 예비력은 전력거래소 급전지령실의 EMS(Energy Management System)에서 제어된다. 주파수 편차에 대해 30초 내에 응답하고 30분 이상 출력을 유지한다. 순시 예비력 외에도 대기, 대체 예비력을 확보하여 계통 주파수 안정화를 도모하고 있다.

3. 신재생발전 증가에 따른 전력계통 안정도 분석

가. 발전방식별 주요특징 비교

〈표 7〉은 전통적인 발전방식인 화력발전과 태양광, 풍력발전 중심의 신재생발전의 주요 특징을 비교한 것이다. 화력발전은 증기터빈이나 가스터빈을 회전시켜 발전기에서 전력을 생산한다.

표 7 화력발전과 신재생발전의 특징 비교

구 분	화력발전	신재생발전
발전방식	회전운동 기반(Dynamic)	인버터 연계 기반(Static)
출력제어	가능	거의 불가
기후영향 (일사량, 풍속 등)	덜 민감	민감
주파수 조정 예비력	포함(부하추종운전)	불포함
관성에너지	포함	불포함

따라서 계통에 공급하는 전력 이외에도 터빈·발전기는 회전운동에너지를 포함하고 있다. 태양광 발전은 반도체 패널이 빛을 받으면 직류를 발생시키는 광전효과(Photoelectric Effect)에 기반하고 있다. 패널에서 생산된 전기는 DC-AC 인버터를 거쳐 교류전력으로 변환되어 계통에 공급된다. 기계적 회전장치가 없어 관성에너지를 포함하지는 않는다.

풍력발전기는 운전속도에 따라 정속형(Fixed Rotor Speed)과 가변속형(Variable Rotor Speed)으로 나뉜다. 정속형은 로터가 일정한 속도로 회전하며 유도발전기가 계통에 직접 연결된다.

가변속형은 넓은 범위의 풍속에서 높은 효율을 얻을 수 있도록 설계된다. 그리고 인버터와 같은 전력변환장치를 통해 계통에 연계된다. 따라서 발전기의 회전관성이 계통에 영향을 미치지 못한다. 정속형 풍력발전은 1990년에 초기에 주로 보급되었으며 최근에는 대부분 가변속형이 보급되고 있다.

나. 발전기 관성과 계통주파수의 상관관계

앞에서 발전소 터빈·발전기들은 회전운동 에너지를 포함하고 있고, 대부분의 신재생발전에는 거의 없다고 하였다. 지금부터는 전력계통에서 회전관성(Rotational Inertia)이 의미하는 바와 관성이 전력계통 주파수 유지에 미치는 영향에 대해서 설명한다.

〈그림 158〉과 같이 증기터빈이 동기속도로 회전하여 계통에 전력을 공급하고 있는 상태를 예로 들어 보자.(P_m, T_m:터빈에 공급되는 전력, 토크/ P_e, T_e:발전기에서 생산되는 전력, 토크) 이때 회전운동에너지(KE:Kinetic Energy) 계산식은 다음과 같다.

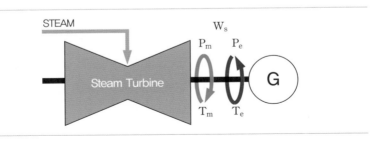

그림 158 증기터빈의 회전운동 원리

$$KE = 1/2(J\omega_s^2)(J, \text{Joule})$$

J : 터빈·발전기의 관성모멘트($\text{kg}-\text{m}^2$)

ω_s : 터빈·발전기의 회전속도(rad/s)

위 식에 언급된 관성의 사전적 의미는 '물체가 외부로부터 힘을 받지 않을 때 처음 운동상태(회전속도)를 유지하는 성질'이다. 그리고 '외부로부터 힘이 가해졌을 때 처음 운동상태를 유지하려는 정도'로도 설명된다.

터빈·발전기가 전력계통에 동기화되어 있다면 계통 주파수는 터빈·발전기의 회전속도로 나타난다. 따라서 전력계통에서 관성의 의미는 '계통사고(예:발전기/부하탈락, 선로사고)에 따른 주파수 변화에 저항하려는 성질', 또는 '정상상태의 주파수를 유지하려는 정도'로 확장된다.

다. 관성정수와 동요방정식(Swing Equation)

회전 운동방정식에서 관성모멘트의 단위는 $\text{kg}-\text{m}^2$이다. 따라서 터빈발전기의 크기나 형태에 따라 값의 범위가 크다. 전력계통 해석에는 동기속도 회전 운동에너지에 정격용량을 나눈 값인 관성정수가(H, Inertia Constant) 주로 사용된다.

$$H = KE/S_{\text{rated}}(\text{초, sec})$$

KE : 동기속도 회전운동에너지(J)

S_{rated} : 발전기 정격용량(VA, J/sec)

관성정수는 동기속도 운동에너지를 정격용량으로 정규화(Norma-lize)한 값이다. 그리고 0초에서 10초 사이의 좁은 범위 안에서 값을 가진다.

전력계통에서 공급 발전량변화 또는 부하변화와 주파수 변화율(ROCOF, Rate Of Change Of Frequency)의 관계는 동요방정식(Swing Equation)으로 표현된다.

$$\Delta f = \frac{f_0}{2HS_{rated}} (\Delta P_m - \Delta P_{load} - \Delta P_{load}^f)$$

S_{rated} : 전력계통 용량(MW)

ΔP_m : 공급발전량 변화(MW)

$\Delta P_{load}(\Delta P_e)$: 소비전력 변화(MW)

ΔP_{load}^f : 부하댐핑. 주파수변화에 의존적인 부하변화

위 식에 따르면 전력계통의 관성정수 H와 주파수 변화율의 크기는 반비례 관계에 있다. 동일한 계통용량(S_{rated}), 발전량 변화 또는 부하변화(ΔP_m 또는 ΔP_{load})에서 H가 클수록 주파수 변화율은 작아진다. 반대로 H가 작은 계통은 같은 크기의 발전량/부하변화에서도 주파수 변화율이 크게 나타난다.

라. 신재생에너지 증가에 따른 주파수응답 분석

태양광이나 풍력발전처럼 인버터를 통해 계통에 연계되는 발전방식은 관성정수 값이 매우 작거나 0에 가깝다. 따라서 화력발전에서 공급

하는 발전량 일부를 신재생발전이 대체하면 계통의 관성정수 값이 감소하게 된다.

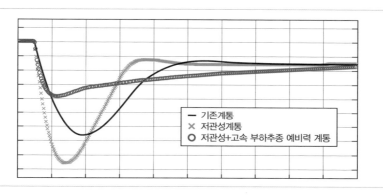

그림 159 관성정수와 예비력 변화에 따른 주파수응답

〈그림 159〉는 계통의 관성정수 감소가 주파수응답에 어떤 영향을 미치는지 확인하기 위한 모의시험 결과이다. 〈그림 159〉의 x표 시험의 모델은 실선 시험 모델과 비교했을 때, 관성정수 크기만 작고 계통 용량, 발전기 탈락 크기 등 다른 설정은 동일하다.

즉, x표 시험은 신재생에너지의 비중이 커진 계통의 주파수 응답을 모의한 것으로 볼 수 있다. 두 결과를 비교했을 때 동일한 크기의 외란에도 관성정수가 작은 계통모델의 초반 주파수 감소가 빠르게 나타났다.

그리고 관성정수가 작은 계통의 결과에서 최저주파수(Frequency Nadir) 값이 낮게 형성되었다. 주파수 저하는 화력발전소 터빈발전기에 기계적인 손상을 미칠 수가 있다. 화력발전소 제어시스템은 계통 저주파수가 감지되면 설비보호를 위해 발전소 전체를 비상정지(Emergency Trip) 시키는 시퀀스회로를 동작시킨다.

발전소 비상정지는 계통주파수 하락을 가속하고 다른 발전소 운전에도 영향을 미쳐 계통사고를 확대시킨다.

마. 저관성 전력계통에서 ESS의 보상효과

이제 〈그림 159〉의 ○표 시험결과를 살펴보자. 이 모델의 관성크기는 x표 시험 설정과 같은 작은 값이다. 두 시뮬레이션 설정의 차이는 부하추종 응답속도에 있다.

○표 시험 결과를 보면, 저관성 계통임에도 최저주파수가 높은 지점에 형성되었음을 확인할 수 있다. 이 결과는 신재생발전 증가에 따른 저관성 계통 안정화 방안에 대해 해결방안을 제시한다.

저관성 계통이라도 응답성능이 우수한(응답속도가 빠른) 주파수 예비력을 확보한다면 외란에 강인한 주파수응답을 유지할 수 있다. 시험결과에서 외란발생 직후 주파수 감소율도 완화된 것을 확인할 수 있다. 본 시험은 신재생발전 비중확대에 따른 계통운영 신뢰도 확보를 위해 고속 주파수예비력 확보가 필요함을 시사한다.

4. 배터리 ESS를 활용한 주파수 안정화

가. BESS 기반 전력계통 주파수제어 원리

에너지저장기술은 전력계통을 포함한 다양한 분야에서 잠재력을 인정받아 꾸준히 연구가 진행되고 있다. 최근에는 슈퍼커패시터(Supercapacitor), 화학 배터리(Eectrochemical Battery), 플라이휠(Flywheel), 압축공기 저장장치(CAES:Compressed Air Energy Storage) 등 차세대 저장기술에 대한 연구도 활발히 진행 중이다.

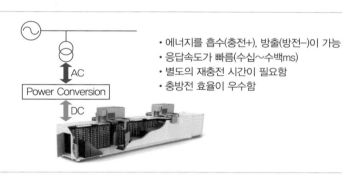

- 에너지를 흡수(충전+), 방출(방전−)이 가능
- 응답속도가 빠름(수십~수백ms)
- 별도의 재충전 시간이 필요함
- 충방전 효율이 우수함

그림 160 배터리 기반 ESS의 특징

배터리 저장장치(BESS:Battery Energy Storage System), 특히 리튬이온 배터리는 기술 성숙도가 높아 전력계통 ESS에 자주 적용되고 있다. 리튬이온 배터리는 전력밀도(Power Density)가 높고 응답속도가 수십, 수백 msec 정도로 매우 빨라 전력계통 안정도 문제 해소에 큰 기여를 할 것으로 전망된다.

BESS의 주파수 제어 알고리즘은 세부적인 요구조건, 계통환경, 운

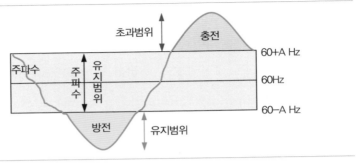

그림 161 배터리 기반 ESS의 특징

영규정 등에 따라 장치마다 차이가 있다. 하지만 기본적으로 계통주파수가 안정 유지범위(또는 불감대, Deadband)를 이탈하면 전력을 흡수 또는 방전하여 안정범위 내에 유지하도록 동작한다.

〈그림 161〉에서와 같이 주파수가 에너지 유지범위 하한(60−A Hz)을 이탈하면 BESS는 저장된 에너지를 방출한다. 반면 주파수가 유지범위 상한(60+A Hz)을 이탈하면 계통의 과잉에너지를 ESS에 충전한다. 주파수가 안정범위 내에 위치하면 ESS는 미래에 주파수 이탈에 대비하여 배터리 충전상태(SOC, State Of Charge)를 초기화 또는 회복하기 위한 충방전 동작을 수행하기도 한다.

나. 국내 주파수 조정용 BESS 현황

우리나라에는 2013년에 주파수조정용 BESS에 대한 종합추진계획이 수립되었다.

2014년에는 두 개 변전소에 시범사업용 ESS가 착공되어 2015년

상업운전에 성공하였다. 그리고 주파수 조정용 ESS를 전력계통 보조서비스에 적용할 수 있도록 전력시장운영규칙이 개정되었다. 이후에 2차에 걸친 주파수 조정용 ESS 사업이 추진되어 2018년 현재 총 376MW의 주파수 조정용 ESS가 계통에 연계되어 운용되고 있다.

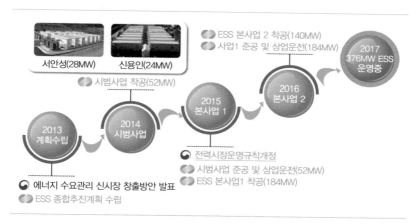

그림 162 국내 주파수 조정용 ESS사업 현황

다. 주파수 조정용 ESS의 미래

향후 전력계통은 온실가스와 미세먼지 저감을 위해 기존 원자력 및 석탄화력 위주의 발전원에서 보다 친환경적인 풍력이나 태양광과 같은 신재생에너지 자원이 확대 보급될 것으로 보인다. 이러한 상황에서 민원 증대로 인하여 신규로 대규모 발전단지와 송전선로를 건설하는 것이 매우 어려지고 있다.

따라서 전력계통의 안정도 및 송전·발전제약, 신재생에너지원의 급변 등 다양한 문제점이 나타나고 있다. 이와 같은 문제점을 해결하기 위하여 속응성 자원인 ESS의 기능을 다양화하기 위한 방안이 수립되고 있다.

참고문헌

1. 인터넷 브리태니커 백과사전

2. 21세기 웅진학습백과사전, 2009

3. 화력발전 이론과 실무, 한전 삼천포연수원, 1994

4. 신입발전기초반, 한국발전교육원, 2005

5. 보일러터빈제어반, 한국발전교육원, 2006

6. 기술개발, 한국전력공사 기술기획처, 1999

7. 기초기술 모음집(Ⅱ), 한전전력연구원, 1999

8. PLU 기능고찰 및 고장사례 검토, 한전 전력연구원, 1999

9. 초임계압 변압운전 발전소 기술자료집, 한전 수화력건설처, 1997

10. Power System Stability and Control, P. Kundur, McGraw Hill Inc., 1994

11. IEEE Standard 122-1991

12. 발전기초V, 한국전력공사 발전교육원, 1995

13. 발전기 제어계 특성조사 및 적정 파라미터 선정에 관한 연구, 한전 전력연구원, 1991

14. 자동제어 실무반 교재, 한국전력공사 삼천포 연수원, 1995

15. 신입송변전, 한국전력공사 중앙교육원

16. 전력거래용어 해설집, 전력거래소, 2003

17. 일반물리학, 다성출판사, 2000

18. 최신 전기기기학, 유철로 외3, 형설출판사, 1970

19. 신편전력계통공학, 강기문 외2, 동명사, 1988

20. 신편전력계통공학, 송영길, 동일출판사, 2011

21. 수화력 계측제어정비편람, 한국전력공사 발전처, 1998

22. 수력전기반, 한국전력공사 서울연수원, 1997

23. 전기학회 자유 기고문, 유광명, 전기학회, 2018

24. 풍력발전 TF 활동 보고서, 한전전력연구원, 2008

25. EPRI Power System Dynamic Tutorial, EPRI, 2018

26. 전력시장운영규칙, 전력거래소, 2018

27. 태양광 발전, www.doopedia.co.kr

28. 최인규 외3, "Development and Actual Application of Governor Program to Nuclear Steam Turbine" Journal of the KIIEE, pp116~122, 2010

찾아보기

그림 출처

———

그림 1 풍차 : https://pixnio.com/miscellaneous/wind-turbine-hill

그림 2 증기터빈 : https://commons.wikimedia.org/wiki/File:GE_H_series_
Gas_Turbine.jpg

그림 4 증기구 : https://en.wikipedia.org/wiki/Aeolipile

그림 5 세이버리엔진 : https://en.wikipedia.org/wiki/History_of_the_steam_
engine

그림 6 뉴커먼 증기기관 : https://en.wikipedia.org/wiki/Newcomen_
atmospheric_engine

그림 7 와트 증기기관 : https://en.wikipedia.org/wiki/Beam_engine

그림 8 와트 증기기관 : https://en.wikipedia.org/wiki/James_Watt

그림 9 와트 증기기관 : https://commons.wikimedia.org/wiki/File:Maquina_
vapor_Watt_ETSIIM.jpg

그림 10 드라발 터빈 : https://etc.usf.edu/clipart/77700/77750/77750_dl_
trbine.htm

그림 14 제임스 와트 : https://commons.wikimedia.org/wiki/File:James-watt-
1736-1819-engineer-inventor-of-the-stea.jpg

그림 81 뉴턴 : https://en.wikipedia.org/wiki/Isaac_Newton

그림 83 패러데이 : https://en.wikipedia.org/wiki/Michael_Faraday

그림 84 쿨롱 : https://en.wikipedia.org/wiki/Charles-Augustin_de_Coulomb

그림 85 암페어 : https://ar.m.wikipedia.org/
wiki/%D9%85%D9%84%D9%81:Andre-marie-ampere2.jpg

그림 90 아라고 : https://commons.wikimedia.org/wiki/File:PSM_V30_D158_
Francois_Arago.jpg

발전소 터빈과 전력계통 주파수 제어

2019년 11월 1일 초판 인쇄

저　자 : 최인규 우주희 이일용 지음
발행인 : 김 복 순

발행처 : Ⓗ (株)圖書出版 技多利

주　소 : 서울 성동구 성수이로 7길 7, 512호
　　　　(서울숲한라시그마밸리2차)

전　화 : 02-497-1322~4

팩　스 : 02-497-1326

등　록 : 1975년 3월 31일 NO. 서울 제6-25호

이메일 : kidarico@hanmail.net

홈페이지 : http://www.kidari.co.kr

ISBN 978-89-7374-376-6　　　정가 : 35,000원